Andreas H. H. Tiemann (Hrsg.)
Muskuloskelettale Infektionen

Andreas H. H. Tiemann (Hrsg.)

Muskuloskelettale Infektionen

———

Handlungsleitfaden für Diagnostik und Therapie

DE GRUYTER

Herausgeber
Prof. Dr. med. habil. Andreas H. H. Tiemann
SRH Zentralklinikum Suhl
Klinik für Orthopädie und Unfallchirurgie
Albert-Schweitzer-Straße 2, 98527 Suhl
andreas.tiemann@zs.srh.de

ISBN: 978-3-11-047315-5
e-ISBN (PDF): 978-3-11-047465-7
e-ISBN (EPUB): 978-3-11-047351-3

Library of Congress Cataloging-in-Publication data
A CIP catalog record for this book has been applied for at the Library of Congress.

Bibliografische Information der Deutschen Nationalbibliothek
Die Deutsche Nationalbibliothek verzeichnet diese Publikation in der Deutschen
Nationalbibliographie; detaillierte bibliografische Daten sind im Internet
über http://dnb.d-nb.de abrufbar.

© 2016 Walter de Gruyter GmbH, Berlin/Boston
Satz: PTP-Berlin, Protago-T$_E$X-Production GmbH, Berlin
Druck und Bindung: Hubert & Co. GmbH & Co. KG, Göttingen
Einbandabbildung: Röntgenabbildung; Reparation nach Knochenentzündung,
Verdacht auf Sequester. © Rainer Braunschweig.
Printed in Germany

www.degruyter.com

Danksagung

Ein Manuskript, ein Buch, ist niemals das Werk eines Einzelnen. Vor seiner Veröffentlichung geht es durch viele Hände. Sie alle geben ihr Bestes, um es so gut wie nur eben möglich zu gestalten.

Ich danke Herrn Dr. med. Rainer Braunschweig und Herrn Dr. med. Lars Frommelt für deren Beiträge zu den Themen „bildgebende Diagnostik" und „Antibiotikatherapie". Der Familie Abel danke ich für die intensive Mitarbeit und konstruktive Kritik an dem Manuskript zu diesem Buch.

Ganz besonders danke ich meiner Frau Susann, ohne deren immerwährende Ermutigung, Geduld in der Zeit meines Schreibens und konstruktive Kritik als Lektorin dieses Buch nie entstanden wäre.

Allen denjenigen, die nicht namentlich erwähnt sind, sage ich: Seien Sie gewiss, dass ich Ihren Beitrag zu schätzen und zu würdigen weiß.

Andreas H. H. Tiemann 2016

Vorwort

Muskuloskelettale Infektionen gehören zu den schwerwiegenden Erkrankungen in der Orthopädie und Unfallchirurgie. Werden sie nicht konsequent therapiert, drohen langwierige, komplikative Verläufe, an deren Ende die *Restitutio ad Integrum* oftmals nicht möglich ist.

Dieser Handlungsleitfaden ist kein Lehrbuch im herkömmlichen Sinne.

Ziel ist es, dem Leser eine praktische Anleitung zum Umgang mit muskuloskelettalen Infektionen zu geben. Der Leser wird Schritt für Schritt an die jeweiligen diagnostischen und therapeutischen Notwendigkeiten herangeführt. Das individuelle Vorgehen für die einzelnen Entitäten wird erläutert.

Die dargestellten diagnostischen und therapeutischen Optionen stellen keineswegs die „allein selig machende Wahrheit" dar, haben sich aber in den Augen des Autors als wirkungsvoll erwiesen.

Andreas H. H. Tiemann   Suhl, Mai 2016

Inhaltsverzeichnis

Andreas H. H. Tiemann und Rainer Braunschweig

Autorenverzeichnis

Dr. med. Rainer Braunschweig
BG Klinikum Bergmannstrost Halle
Klinik für bildgebende Diagnostik und Interventionsradiologie
Merseburger Straße 165, 06112 Halle
rainer.braunschweig@bergmannstrost.de

Dr. med. Lars Frommelt
HELIOS ENDO-Klinik Hamburg
Institut für Infektiologie, klinische Mikrobiologie und
Krankenhaushygiene
Holstenstraße 2, 22767 Hamburg
lars.frommelt@t-online.de

Prof. Dr. med. Andreas H. H. Tiemann (Hrsg.)
SRH Zentralklinikum Suhl
Klinik für Orthopädie und Unfallchirurgie
Albert-Schweitzer-Straße 2, 98527 Suhl
andreas.tiemann@zs.srh.de

Verzeichnis der Abkürzungen

3MRGN	Multiresistente gramnegative Stäbchen mit Resistenz gegen drei der vier Antibiotikagruppen
4MRGN	Multiresistente gramnegative Stäbchen mit Resistenz gegen alle vier Antibiotikagruppen
AB	Antibiotikum
DBS	lokale Durchblutungsstörung
ELK	Etappen-Lavage-Konzept
HPF	*high power field*
ILK	individuelles Lavage-Konzept
IOUO	*infection of unknown origin*
KG	Körpergewicht
MR	Magnetresonanztomographie
MRSA	Methicillin-resistenter *Staphylococcus aureus*
OSG	oberes Sprunggelenk
PET-CT	Hybridverfahren aus Positronen Emissions Tomographie und Computer Tomographie
PMMA	Polymethylmethacrylat
SIRS	Systemisches inflammatorisches Response-Syndrom
SOP	*standard operation procedures*
STG	Subtalar Gelenk

Gender-Hinweis

Für alle Personen- und Funktionsbezeichnungen wird generell das generische (geschlechtsneutrale) Maskulinum verwendet, das die weibliche Form einschließt.

W = weiche Kriterien

H = harte Kriterien

Andreas H. H. Tiemann und Rainer Braunschweig

1 Allgemeiner Teil

1.1 Einführung

Notabene: In diesem Buch wird nicht zwischen Osteitis (Infektursprung „von außen", Infektausbreitung zentripetal) und Osteomyelitis (Infektursprung „von innen", Infektausbreitung zentrifugal) unterschieden. Die Knocheninfektion wird durchgehend als Osteomyelitis bezeichnet.

Die Problematik der Diagnostik und Therapie muskuloskelettaler Infektionen liegt darin begründet, dass sich der behandelnde Arzt gezwungen sieht, anhand unklar definierter und weicher Regeln scharfe konsistente Konzepte zu entwickeln.

Dieses spiegelt sich z. B. darin wider, dass es zur Einteilung der muskuloskelettalen Infektionen eine Vielzahl unterschiedlicher Klassifikationen und Scores gibt.

Grundsätzlich basieren alle diese Klassifikationen auf folgenden Kriterien:

(Lauf-)Zeit der Infektion:
– Frühinfekt: zumeist der „selbstproduzierte" postoperative Infekt
– spät oder verzögert auftretender Infekt:
– „echter Spätinfekt",
– Infektion durch hämatogene Streuung,
– IOUO (*infection of unknown origin*).

Notabene: Die in der Literatur dargelegten Zeitangaben sind willkürlich gewählt und nicht evidenzbasiert.

Akuität der Infektion (histopathologische Kriterien):
– akuter Infekt,
– chronischer Infekt,
– *Low-grade*-Infekt.

Art des Infektionsursprungs:
- exogener Infekt (Erreger dringen von außen ein),
- endogener Infekt (Erreger werden aus einem Infektherd in *alea loco* gestreut; synonym auch „hämatogener" Infekt genannt).

Reifegrad des Biofilms:
- unreifer Biofilm (14 bis 90 Tage alt, in der Literatur uneinheitlich),
- reifer Biofilm.

In den folgenden Kapiteln werden die diagnostischen und therapeutischen Kriterien systematisch in Bezug auf die Frage: „Was tue ich wann?" analysiert und kommentiert.

1.2 Diagnostische Verfahren

In diesem Teil erhält der Leser einen Überblick über die diagnostischen Verfahren und Abläufe bei der Behandlung muskuloskelettaler Infektionen.

Schwerpunkt ist einerseits die Bewertung der einzelnen diagnostischen Kriterien. Andererseits soll ihre rationale und rationelle Anwendung aufgezeigt werden.

Die diagnostischen Kriterien werden in **zwei Gruppen** aufgeteilt:

Weiche Kriterien:
- unterschiedlich in der Ausprägung (können, müssen aber nicht vorhanden sein),
- für sich allein nicht beweisend für eine muskuloskelettale Infektion.

Harte Kriterien:
- beweisend für eine muskuloskelettale Infektion.

Tab. 1.1: Wertigkeit der Einzelkriterien in der Diagnostik muskuloskelettaler Infektionen.

Kriterium	„weich" W	„hart" H	Bemerkungen
Anamnese	W		oftmals subjektiv „eingefärbt"
Klinik	W		oft fehlend oder laviert
Paraklinik	W		diversen Einflussfaktoren unterworfen
Bildgebung		(H)	überzeichnet
Mikrobiologie		H	30 % falsch negativ
Histologie		H	beweisend

1.3 Anamnese W

Die Anamnese gibt erste Hinweise auf:
- das Vorliegen einer muskuloskelettalen Infektion,
- den Zeitpunkt der Entstehung,
- die Akuität,
- die Erkrankungsdauer,
- wesentliche Ko-Morbiditäten,
- Prädispositionsfaktoren (siehe Kap. 1.3.1).

Die Anamnese resultiert aus der direkten Befragung der Betroffenen ebenso wie aus dem Studium vorliegender Unterlagen.

Insbesondere die Prädispositionsfaktoren zur Entstehung muskuloskelettaler Infektionen sollen herausgearbeitet werden.

Es liegt nahe, dass die Anamnese zu den *weichen Kriterien* zählt, da sie von Fremdeinschätzung, eigenem Erleben des Patienten, Missverständnissen und Wunschdenken beeinflusst wird.

1.3.1 Prädispositionsfaktoren

Sie begünstigen die Entstehung einer muskuloskelettalen Infektion.
Lokale Prädispositionsfaktoren, z. B.:
- Ausmaß des Frakturschadens,
- Ausmaß des Weichteilschadens,
- Frakturlokalisation,
- vorbestehende lokale Probleme (lokale Durchblutungsstörung [DBS], Hautulzera, Osteopathien),
- Keimspezies und Keimvirulenz.

Systemische Prädispositionsfaktoren, z. B.:
- Diabetes mellitus,
- Nikotinabusus,

Notabene: Nikotinabusus beeinflusst signifikant den CRP-Wert

- generalisierte DBS,
- Adipositas,
- Malnutrition,
- Tumorerkrankungen,
- Immunsuppression,
- Immundefizite.

Therapieinduzierte Prädispositionsfaktoren, z. B. bei therapeutischem Wirtsschaden:
- Manipulation an Knochen und Weichteilen,
- Manipulation bei der Frakturreposition,
- operativer Zugang (Ischämie),
- Operationsdauer,
- Osteosyntheseverfahren und -materialien,
- Hygienefehler.

1.4 Klinische Untersuchung W

Die klinische Untersuchung ist eine *conditio sine qua non*. Sie erfolgt im Falle der Extremitäten obligat vergleichend zwischen der befallenen und der gesunden Extremität. Der Patient wird dazu zumindest bis auf die Unterwäsche entkleidet.

Bei der Inspektion ist insbesondere auf Veränderungen wie Narben, plastische Weichteildeckungen, Fehlstellungen, Veränderungen der Haut (Kolorit, Beschaffenheit), Schwellungen, Fisteln etc. zu achten.

> **Notabene:** Die klassischen Entzündungszeichen (*Rubor, Dolor, Tumor, Calor, Functio laesa*) sind häufig laviert, gelegentlich gar nicht vorhanden. Das Auftreten klinischer Symptome ist nicht mit dem Beginn der Erkrankung zu verwechseln. Fieber kommt bei etwa 80 % der Erkrankten vor. Trotzdem ist die regelmäßige Bestimmung der Körpertemperatur, beginnend mit dem Aufnahmetag, zwingend notwendig.

Aus diesen Ausführungen ergibt sich, dass die klinische Symptomatik ebenfalls den *weichen Kriterien* zuzuordnen ist.

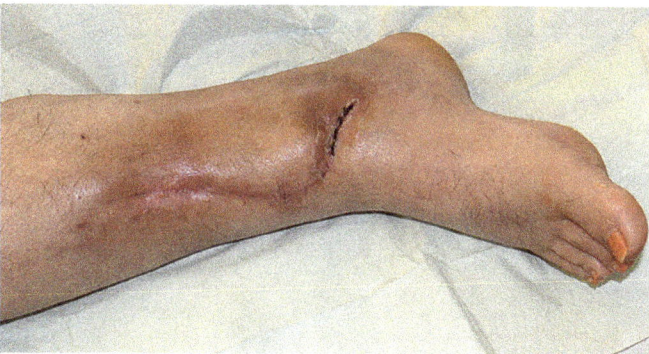

Abb. 1.1: Akuter postoperativer Frühinfekt nach Tibia-Osteosynthese.

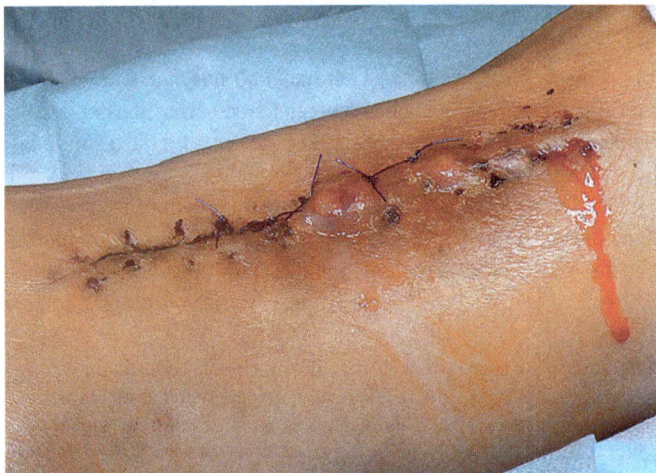

Abb. 1.2: Akuter purulenter Frühinfekt nach Tibiaosteosynthese.

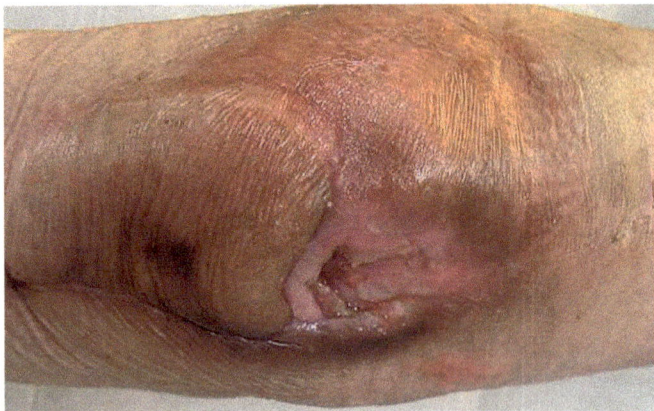

Abb. 1.3: Chronische fistelnde postoperative Arthritis des Ellenbogens.

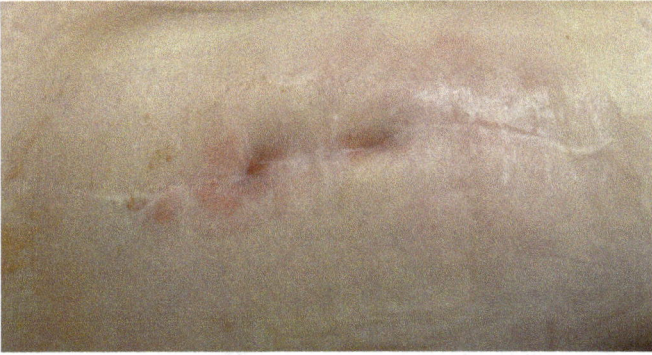

Abb. 1.4: Akute Exazerbation einer chronischen periprothetischen Infektion der Hüfte.

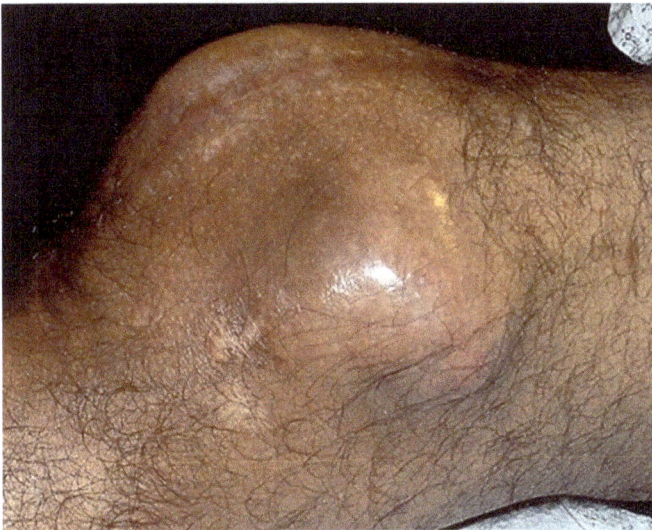

Abb. 1.5: Cave Osteosarkom bei liegender Knie-TEP.

W 1.5 Paraklinik, Laborparameter

Neben den üblichen Parametern spielen zwei Parameter eine wesentliche Rolle:
- C-reaktives Protein,
- Leukozytenzahl.

Beide Parameter werden bei der stationären Aufnahme der Patienten bestimmt. Neben dem absoluten Wert der beiden Parameter ist insbesondere der **Verlauf** wesentlich.

Notabene: Weitere Entzündungsparameter, wie beispielsweise das pCT, werden nur nach Anweisung des Arztes bestimmt.

1.5.1 Konservative, nichtoperative Behandlung einer entzündlichen Entität

Bei stationärer Aufnahme:
- kleines Blutbild (inkl. C-reaktives Protein),
- Gerinnung,
- Elektrolyte.

Fakultativ:
- weitere Laborparameter in Abhängigkeit von bekannten oder vermuteten Nebendiagnosen, im Verlauf in Abhängigkeit vom Verlauf der Erkrankung:
- Bestimmung der Parameter einmal pro Woche
- Bei einer sich abzeichnenden Befundverschlechterung wird die Frequenz der Laborkontrollen individuell angepasst.

Vor der Entlassung:
- letzte Laborkontrolle insbesondere der infektrelevanten Parameter am Entlassungstag nicht älter als drei Tage.

1.5.2 Operative Therapie einer entzündlichen Entität

Bei stationärer Aufnahme:
– kleines Blutbild (inklusive C-reaktives Protein),
– Gerinnung,
– Elektrolyte.

Fakultativ:
– weitere Laborparameter in Abhängigkeit von bekannten oder vermuteten Nebendiagnosen

Postoperativ:
– Bestimmung alle zwei Tage in der ersten postoperativen Woche, bei einer sich abzeichnenden Befundverschlechterung wird die Frequenz der Laborkontrollen individuell angepasst,
– bei geplanten Re-Eingriffen Laborkontrollen präoperativ nicht älter als 24 h.

Vor der Entlassung:
– letzte Laborkontrolle – insbesondere der infektrelevanten Parameter – am Entlassungstag nicht älter als drei Tage.

> **Notabene:** Neben dem Absolutwert der s. g. Entzündungsparameter (CRP, Leukozytenzahl) ist deren zeitlicher Verlauf relevant. Unter regulären Umständen normalisieren sich diese Parameter in der postoperativen, -traumatischen Phase innerhalb von ca. einer Woche.

1.5.3 C-reaktives Protein

– Akutphasenprotein: Serumkonzentration steigt 6 h nach auslösendem Stimulus an, max. innerhalb von 50 h,
– biologische Halbwertszeit 5–7 h: rascher Abfall, wenn der Stimulus wegfällt.

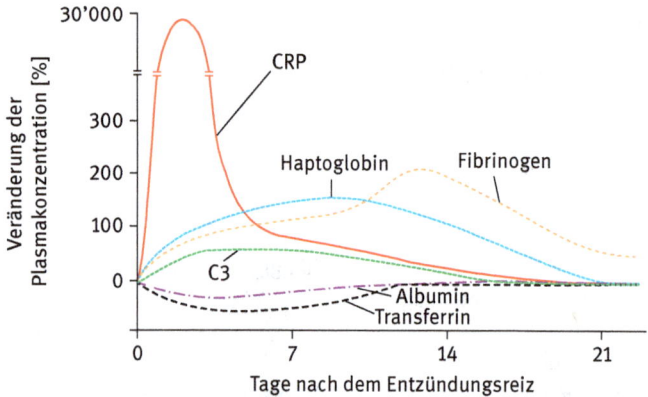

Abb. 1.6: Typischer postoperativer CRP-Verlauf (modifiziert nach: Black S, Kushner I, Samols D: C-Reactive Protein. J Biol Chem 2004 Nov 19; 279 (47): 48487–90).

Eine Kontinua (dauerhaft erhöhte Werte) in diesem Zeitraum ist höchst verdächtig. Das Vorliegen einer zumindest entzündlichen Veränderung, z. B. im Bereich einer stattgehabten Osteosynthese, muss bis zum Beweis des Gegenteils angenommen werden.

Neben lokalen muskuloskelettalen Infektionen beeinflussen eine Vielzahl von Faktoren die Entzündungsparameter (Alter, individueller Immunstatus, Nikotinabusus, immundepressive Medikation).

Insofern ist die Paraklinik sicherlich richtungsweisend (speziell bei der Unterscheidung zwischen akuten und chronischen Erkrankungen), jedoch für sich allein nicht beweisend. Somit zählt sie zu den weichen Kriterien.

Tab. 1.2: Beispiel für einen atypischen CRP-Verlauf und die „falsche Reaktion".

Datum	Leukozyten	CRP	CRP-Verlauf
27.08.	Operation		Regulärer, zu erwartender CRP-Verlauf
28.08.	5.5	167	
29.08.	5.5	154	
30.08.	5.5	99	
01.09.	6.8	66	
02.09.	7.4	64	
03.09.	7.1	54	
08.09.	Operation		
09.09.	12.5	92	
22.09.	7.0	79	
24.09.	6.3	179	– innerhalb von 2 Tagen CRP-Anstieg um 100 mg/l
10.10.	Entlassung		– keine weitere Diagnostik – 13 Tage keine CRP-Kontrolle – Entlassung ohne „Reaktion"

1.6 Bildgebung

W → H

Die Bildgebung dient drei Zielen:
– der Detektion eines ossären/weichteilassoziierten Infektherdes,
– der Akuitätsbestimmung eines Befundes,
– der Planimetrie (präoperative Planung) des ossären Befundanteils.

1.6.1 Algorithmus der Bildgebung bei muskuloskelettalen Infektionen

Standard der Erstdiagnostik
Nativ-Röntgenbild, dient der ersten Einschätzung:
– der Pathoanatomie
– des Standes der Destruktion/Reparation
– der Ausbreitung

Beispiele:

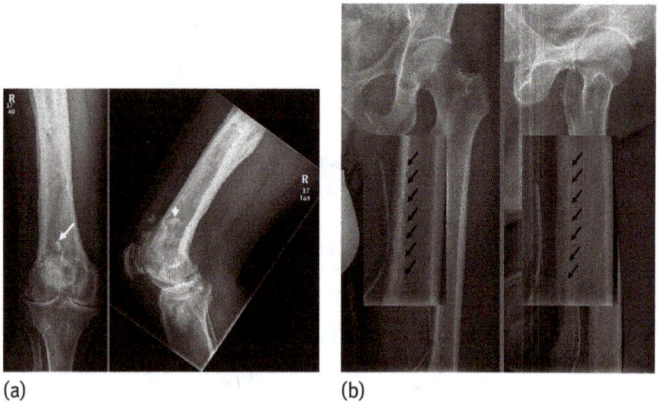

(a)   (b)

Abb. 1.7: Rö in zwei Ebenen: (a) Nachweis der 1) Reparation nach Knochenentzündung, 2) dringender Verdacht auf Sequester (s. Pfeilkopf); (b) dringender Verdacht auf Osteomyelitis (s. Vergrößerung/Pfeile).

Operationstaktische Erwägungen:
Computertomographie:
– Standard zur ossären Planimetrie,
– Präzisierung der Pathoanatomie (Lokalisation und Ausdehnung von Knochendestruktionen/Detektion von Sequestern).

Beispiele:

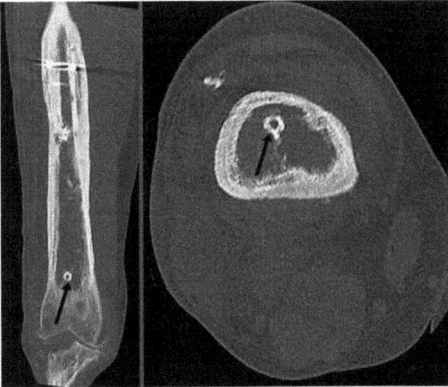

(a)

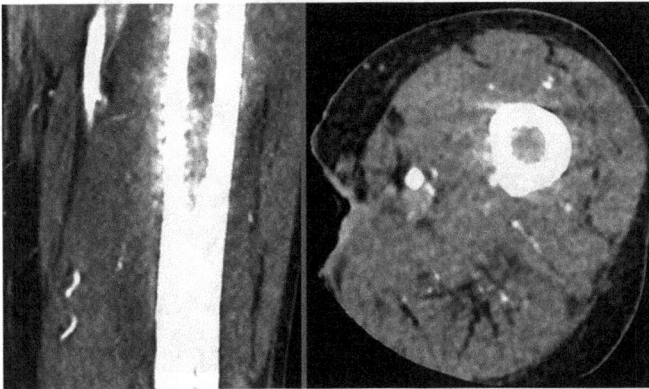

(b)

Abb. 1.8: CT, koronar/axial. (a) 1) en- und periostale langstreckige ossäre Reparation, 2) Nachweis des Sequesters (Pfeile); (b) Nachweis der end- und periostalen Veränderungen bei Osteomyelitis.

Akuitätsbestimmung:

– Magnetresonanztomographie: Standard der Beurteilung der Akuität des Prozesses sowie Einschätzung der Pathoanatomie (Beurteilung von Infektausdehnung in den Weichteilen, Beurteilung der Infektausdehnung intramedullär, Ergänzung der Planimetrie).

Notabene:
– implantat-assoziierte Einschränkungen der Beurteilbarkeit, Stichwort „Artefakte",
– Überschätzung der Akuität.

Beispiele:

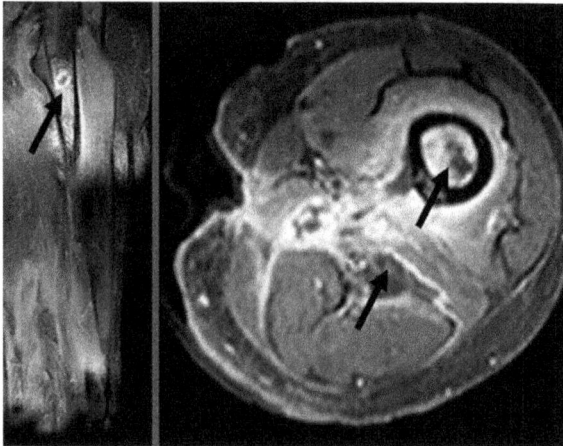

(a)

Abb. 1.9: (a) MR coronar und axial (T1 + KM). 1) Nachweis der larvierten Osteomyelitis (langstreckig, kein Abszess); 2) Nachweis des dist. metaphysären Sequesters (Pfeile).

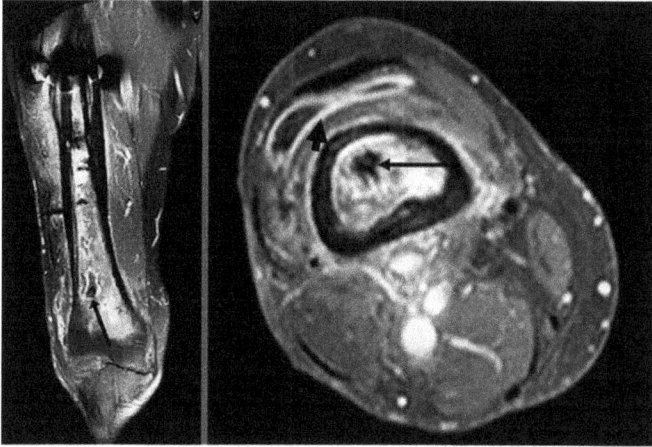

(b)

Abb. 1.9: (b) MR: coronar/axial (T1 + KM), intra- und extraossäre Entzündung (Pfeile), 3) symphatische Begleitarthritis (Pfeilkopf).

Bei liegenden Implantaten:

Positronen-Emissionstomographie CT (PET-CT): fakultativ bei speziellen Fragestellungen/insbesondere Infektnachweis bei Implantaten:

– Befundnachweis,
– Knochenvitalität, z. B. bei chronischer Osteomyelitis.

(Szintigraphie): obsolet, allenfalls fakultativ bei speziellen Fragestellungen (siehe PET CT)

Präoperative Planung:

Angiographie: fakultativ bei speziellen Fragestellungen, insbesondere bei geplanten Weichteilrekonstruktionen (freie mikrovaskularisierte Lappenplastiken) – d. h. Gefäßarchitektur

Additiv/fakultativ:

Sonographie: dient der Detektion von Flüssigkeitsansammlungen (Weichteile, Kompartmentzuordnung):

- Anwendung: Diagnostik von Gelenk-, Knochen- und Weichteilinfektionen (Charakterisierung und ggf. Punktion),
- Diagnostik von postoperativen/posttraumatischen Flüssigkeitsansammlungen (Hämatom, Serom, Abszess).

Tab. 1.3: Modifizierter Algorithmus für die bildgebende Diagnostik bei der Osteomyelitis (aus: Braunschweig et al. Bildgebende Diagnostik Osteitis/Osteomyelitis und Gelenkinfekt Z Orthop Unfall 2011; 149: 449–460).

Untersuchungsschritte	Unbekannter Patient	Untersuchungsschritte	Bekannter Patient
Schritt 1	Osteitis ja/nein Rö: obligat Ziel: orientierende Untersuchung	Schritt 1	Infektexazerbation Rö: fakultativ MR: obligat Ziel: Beurteilung der Akuität
Schritt 2	MR Ziel: Akuität, intramedulläre Infektausdehnung	Zwischenentscheidung Schritt 2 (bei Implantat)	Reevaluation: „Unklarer Befund" → PET-CT
Schritt 3	CT = fakultativ Ziel: Planimetrie, OP-Planung	Schritt 3	CT: obligat Ziel: Planimetrie, OP-Planung
Zwischenentscheidung	Reevaluation: Befund eindeutig? – Diagnostik abgeschlossen Wenn Nein →		
Schritt 4	PET-CT (in Problemfällen, bei Implantaten)		

1.6.2 Was ist mit welchem Verfahren bei Knochen-/ Weichteilinfekten zu erkennen?

Die dargestellten bildgebenden Verfahren sind im positiven Nachweisfall beweisend bzw. hinweisend. Es gelten die o. g. Einschränkungen.

Gerade bei der Planimetrie besteht die Schwierigkeit in:
- der Vorspiegelung falscher Tatsachen (MR),
- dem Fehlen klarer Abgrenzung aktuell gesund/krank: am Knochen (Röntgen, CT),
- dem Fehlen klarer Abgrenzung gesund/krank: an den Weichteilen (MR),
- dem Fehlen klarer Abgrenzung gesund/krank: an den Gelenken (MR).

Die radiologischen und nuklearmedizinischen Verfahren sind in ihrer individuellen Wertigkeit härter als die weichen Kriterien, aber weicher als die harten Kriterien.

Es gilt: Je mehr Kriterien mit dem Charakter der Erkrankung vorliegen, umso sicherer erfolgt die Diagnose (d. h. multimodale Bildgebung).

1.7 Mikrobiologische Diagnostik   H

Grundsätzlich:
- keine Behandlung muskuloskelettaler Infektionen ohne Gewinnung mikrobiologischer Proben,
- keine Abstriche von Wundoberflächen (*falscher Keim*),
- keine Abstriche von Fisteln (*falscher Keim*),
- intraoperative Gewinnung von Gewebeproben (Größe am besten 1 cm^3),
- intraoperative Gewinnung von Sekret und Gewebeproben bei Gelenkinfektionen (arthroskopisch oder offen),

- Gelenkpunktion ausnahmsweise (unter sterilen Kautelen: Punktionsareal wird chirurgisch desinfiziert und abgedeckt. Arzt: chirurgische Händedesinfektion, Kopfschutz, Mundschutz, steriler Kittel, sterile Handschuhe),
- eindeutige Beschriftung der Proben: (1) Gewebeart, (2) Lokalisation,
- Gewinnung aus allen *makroskopisch infiziert* wirkenden Geweben,
- schnellstmöglicher Transport in geeignetem Medium und Behälter in die Mikrobiologie,
- 3-stufige mikrobiologische Diagnostik: (1) Ergebnis nach 48 h, (2) Ergebnis nach sieben Tagen, (3) Ergebnis nach 14 Tagen.

Notfälle (lokal begrenzter akuter Infekt):
- Entnahme der Proben während der Notfall-Operation,
- wenn *möglich* zuvor keine Antibiotika,
- Antibiotika-Regime siehe gesondertes Kapitel.

Ansonsten:
- Entnahme der Proben während der Operation,
- zuvor keine Antibiotika,
- Antibiotika-Regime siehe gesondertes Kapitel.

Notabene: kalkulierte Antibiotika-Therapie beim Patienten mit Sepsis

Notabene: In 30 % der Fälle gelingt der Keimnachweis nicht. Ansonsten ist der Nachweis von Keimen in Kombination mit der entsprechenden Kombination weiterer diagnostischer Kriterien *beweisend* für einen Infekt.

Notabene: Die akuten Infektionen (Osteomyelitis, Gelenkinfekt, periprothetischer Infekt) sind chirurgische **Notfälle**.
- mikrobiologische Probenentnahme bei der **Notfall-Operation**,
- **keine** ausschließlichen Gelenkpunktionen,
- **immer** Antibiotika-Therapie (siehe Kap. 4).

Standard Operation Procedures (SOPs) zur Probenentnahme:
- akute Osteomyelitis (ebenso: akute Früh-Osteomyelitis, Exazerbation einer chronischen Osteomyelitis): Entnahme der mikrobiologischen Proben während der Erstoperation (Notfalleingriff). Ausnahme: Patient ist septisch, dann kalkulierte Antibiotika-Gabe ohne vorherige Entnahme von mikrobiologischen Proben,
- **chronische Osteomyelitis (ebenso: Spätinfektion):** Entnahme der mikrobiologischen Proben im Ersteingriff,
- **akuter Gelenkinfekt:** Entnahme der mikrobiologischen Proben während der Erstoperation **(Notfalleingriff); Ausnahme:** Patient ist septisch, dann kalkulierte Antibiotika-Gabe ohne vorherige Entnahme von mikrobiologischen Proben,
- **chronischer Gelenkinfekt:** Entnahme der mikrobiologischen Proben im Ersteingriff,
- **akuter periprothetischer Infekt:** Entnahme der mikrobiologischen Proben während der Erstoperation **(Notfalleingriff); Ausnahme:** Patient ist septisch, dann kalkulierte Antibiotika-Gabe ohne vorherige Entnahme von mikrobiologischen Proben,
- **chronischer periprothetischer Infekt:** Entnahme der mikrobiologischen Proben im Ersteingriff.

1.7.1 Mikrobiologisches *Restaging*

Grundsätzlich:
- vor allen geplanten rekonstruktiven Eingriffen,
- Antibiotika-Gabe seit 14 Tagen beendet,
- Gewinnung in Form von (Stufen-)Biopsien,
- keine Aspirationsmikrobiologie,
- Gewinnung an standardisierten Lokalisationen (siehe Abb. 1.9).

Notabene: Die Abbildung zeigt eine *idealisierte* Situation. An speziellen Lokalisationen ist eine *individuelle* Adaptation notwendig.

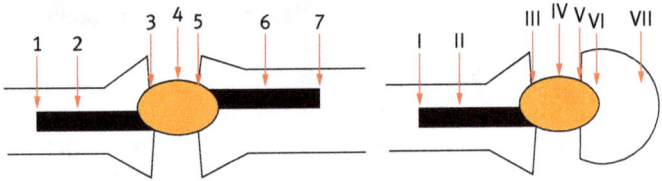

1, 7 (I):	Ende der Markraumrevision
2, 6 (II):	im Verlauf der Markraumrevision (ggf. mehrere Proben)
3, 5 (III, V, VI):	an der Grenze zum ehemaligen Infektionsherd
4 (IV):	aus dem ehemaligen Infektionsherd (ggf. mehrere Proben)
VII:	aus der Gelenkpfannentiefe

Abb. 1.10: Idealisierte Darstellung der Entnahmezonen meta-diaphysär und am Gelenk.

Siehe auch Kapitel 2.12.2

H 1.8 Histologie

Grundsätzlich:
- keine Behandlung muskuloskelettaler Infektionen ohne Gewinnung histologischer Proben,
- intraoperative Gewinnung von Gewebeproben (Größe am besten 1 cm³),
- eindeutige Beschriftung der Proben: (1) Gewebeart, (2) Lokalisation,
- Gewinnung aus allen *makroskopisch infiziert* wirkenden Geweben,
- schnellstmöglicher Transport in geeignetem Medium und Behälter in die Histologie.

Notabene: Nur die dezidierte Fragestellung führt zu einer sinnvollen histopathologischen Diagnose. Hierzu gehört die Angabe der präoperativen Verdachtsdiagnose:

- akute (Früh-)Osteomyelitis,
- akute Exazerbation einer chronischen Osteomyelitis,
- Spät-Osteomyelitis,
- chronische Osteomyelitis,
- akuter (Früh-)Gelenkinfekt,
- akute Exazerbation eines chronischen Gelenkinfektes,
- Spät-Gelenkinfekt,
- chronischer Gelenkinfekt,
- akuter (Früh-)periprothetischer Infekt,
- akute Exazerbation eines chronischen periprothetischen Infektes,
- später periprothetischer Infekt,
- chronischer periprothetischer Infekt.

Notabene: Unbedingt auszuschließen oder nachzuweisen ist der *Low-Grade*-Infekt (23 neutrophile Granulozyten 10/HPF).

Notabene: Lagerung /Transport der Proben in gepufferter 4 %iger Formaldehydlösung (entspricht 10%igem Formalin). Aufbewahrung der Formaldehydlösung bei Raumtemperatur und vor Licht geschützt.

1.9 Intraoperative klinische Diagnostik   W

Grundsätzlich hat die intraoperative klinische Diagnostik zwei Aufgaben:
- makroskopische Beurteilung des Situs hinsichtlich vorliegender Infektionszeichen,
- „Übersetzung" der präoperativen Bildgebung aus dem zweidimensionalen in den dreidimensionalen Raum.

Hierzu beurteilt der Operateur am Situs folgende Qualitäten:

- Knochenfarbe: Hat der Knochen die Farbe von Elfenbein, ist dies hoch verdächtig für Avitalität.
- Knochenkonsistenz: Tangential angemeißelt entstehen bei dem vitalen Knochen Späne und keine brechenden kleinen Knochenfragmente.
- Mikrozirkulation: Am Spanlager werden am vitalen Knochen feinste Blutungen sichtbar (im anglo-amerikanischen Sprachgebrauch: „Paprika Sign").
- Weichteilverbund: Der vitale Knochen ist fest von den umgebenden Weichteilen eingeschlossen. Der avitale Knochen lässt sich mittels „Fingerpräparation" von den Weichteilen lösen.
- Knochenklang: Wird der vitale Knochen mit einem soliden Instrument angeschlagen, entsteht ein dumpfer Ton. Bei dem avitalen Knochen ist der entstehende Ton eher klingend.

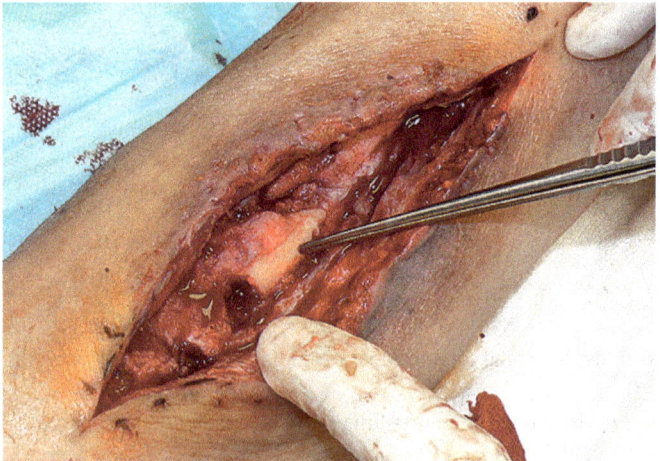

Abb. 1.11: Sequesterverdächtiges Knochenareal.

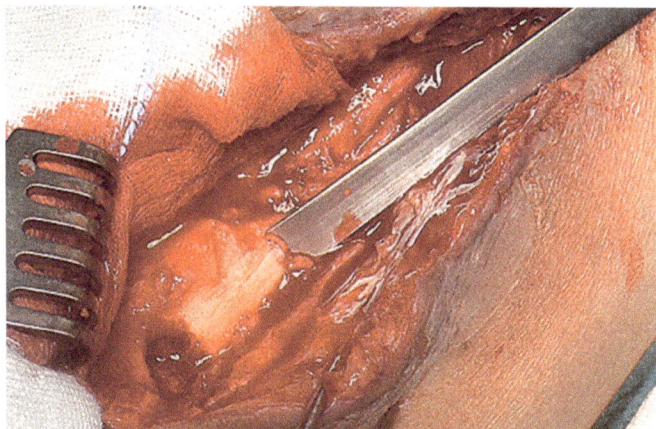

Abb. 1.12: Tangentiales Anmeißeln des Knochens mit dem Osteotom.

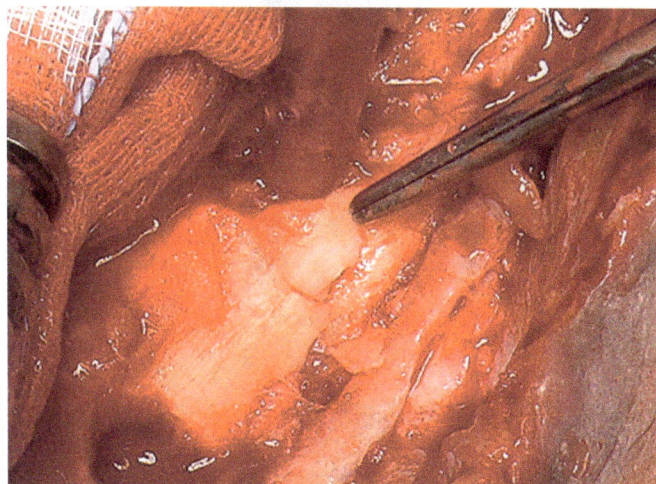

Abb. 1.13: Fehlende Mikroblutungen. Avitales Knochenareal.

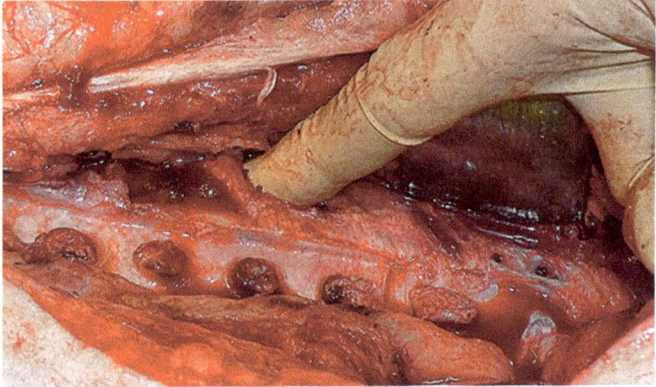

Abb. 1.14: „Fingerpräparation".

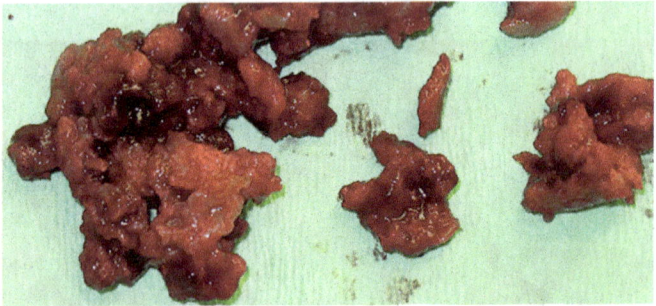

Abb. 1.15: Spongiosa aus infiziertem Knochen.

- Qualität der Spongiosa: Gesunde, nicht infizierte Spongiosa ist weich. Wirkt sie „bröckelig" oder mit Weichgewebe durchsetzt, ist dies verdächtig für eine Infektion.
- Weichteilsequester: Auch an den Weichteilen gibt es nekrotische Areale, die im Rahmen der Sanierung reseziert werden müssen.

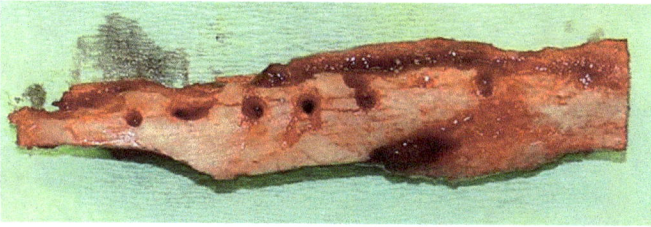

Abb. 1.16: Knochensequester.

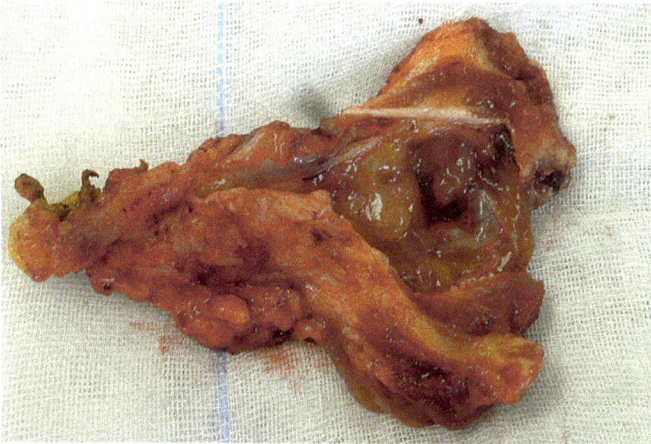

Abb. 1.17: „Weichteilsequester". Klassisches bräunlich-glasiges avitales Weichgewebe.

Andreas H. H. Tiemann

2 Spezielle chirurgische Infektbehandlung

2.1 Osteomyelitis: Begrifflichkeiten

2.1.1 Zeitliche Zuordnung

– **Frühinfekt:** Auftreten eines Infektes innerhalb von vier Wochen
   nach einem Ereignis. Bei der Therapieplanung wird die Annahme zugrunde gelegt, dass es sich um einen Periimplantat-
   Infekt handelt und der Versuch des Implantat-Erhalts gerechtfertigt ist.
– **Spätinfekt:** Auftreten eines Infektes nach einem Zeitraum von
   vier Wochen nach einem Ereignis. Bei der Therapieplanung wird
   die Annahme zugrunde gelegt, dass es sich um einen voll aus-
   geprägten Infekt von Knochen und Weichteilen handelt und der
   Versuch des Implantat-Erhalts **nicht** gerechtfertigt ist.

2.1.2 Klinisch/histologische Zuordnung

– **akuter Infekt:** akutes Ereignis mit dem Vollbild der Osteomyelitis, zeitlich **nicht zwingend** identisch mit einem Frühinfekt,
– **chronischer Infekt:** regelhaft elektiv dringliche Op.-Indikation,
   zeitlich **nicht zwingend** zuzuordnen,
– *Low-Grade*-**Infekt:** klinisch wenig pathognomonisch, Histologie: 23 neutrophile Granulozyten/10 *high power field* (HPF).

2.1.3 Ereignis

– exogen – von außen einwirkend, Trauma und/oder Operation,
– endogen – durch innere Streuung (syn. hämatogen).

Tab. 2.1: Klinische bzw. histologische Zuordnung und OP-Indikation

Diagnose	OP-Indikation
Akute Infektion	Notfall
Akute Exazerbation einer chronischen Infektion	Notfall
Frühinfektion	Notfall
Akute Frühinfektion	Notfall
Chronische Infektion	Dringliche Operation
Spätinfektion	Dringliche Operation

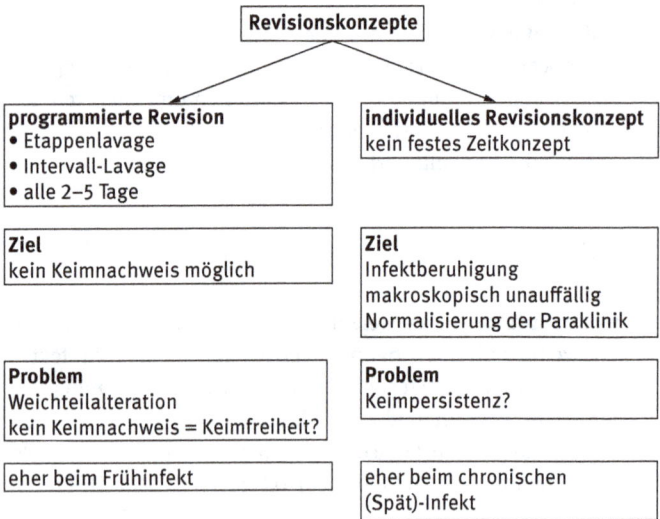

```
                    ┌─────────────────────┐
                    │  Revisionskonzepte  │
                    └─────────────────────┘
                       ╱              ╲
```

programmierte Revision • Etappenlavage • Intervall-Lavage • alle 2–5 Tage	**individuelles Revisionskonzept** kein festes Zeitkonzept
Ziel kein Keimnachweis möglich	**Ziel** Infektberuhigung makroskopisch unauffällig Normalisierung der Paraklinik
Problem Weichteilalteration kein Keimnachweis = Keimfreiheit?	**Problem** Keimpersistenz?
eher beim Frühinfekt	eher beim chronischen (Spät)-Infekt

Abb. 2.1: Die beiden typischen Revisionskonzepte.

2.1.4 Revisionskonzepte

- **Etappen-Lavage-Konzept (ELK):** Der Patient wird im festen Zeitabstand geplant im Op. revidiert (48–72 h). Endpunkt der Therapie: der nicht mehr zu führende lokale Nachweis von Keimen,
- **Individuelles Lavage-Konzept (ILK):** Revisionsphase und -häufigkeit richten sich nach Klinik und Paraklinik. Endpunkt der Therapie: klinische und paraklinische Infektberuhigung, der nicht mehr zu führende lokale Nachweis von Keimen ist nicht zwingend notwendig.

Infektberuhigung: Strategie

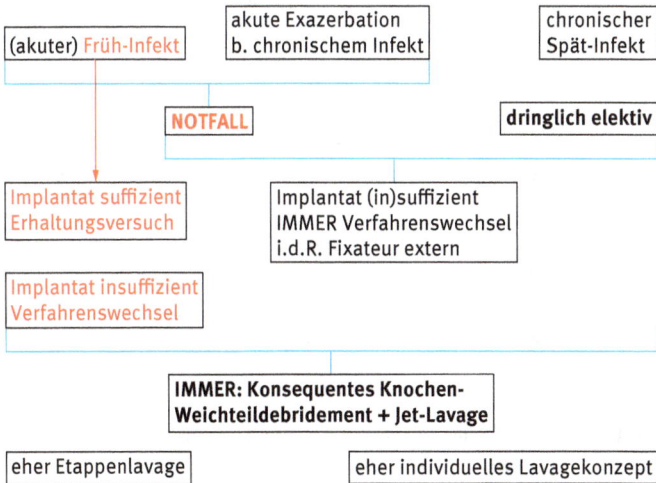

Abb. 2.2: Therapeutische Strategie.

Bewertung der Lavage-Konzepte: Es existiert in der Literatur **keine eindeutige** Wertung der Vorgehensweisen.

Empfehlung hier:

– akuter Frühinfekt (Ziel: Osteosynthesen-, Gelenk-, Prothesenerhalt): ELK,

– alle anderen: ILK.

Lavage/Typen

Applikation der Splg.-Lsg. ➤ **ohne** Druck	Applikation der Splg.-Lsg. ➤ **mit** Druck

LPL: Low-pressure irrigation lavage Druck zwischen 0.5 bis 1 bar	HPL: High-pressure irrigation lavage Druck zwischen 2 bis 4 bar

kontinuierlicher Flow / pulsierender Flow

am besten Ringer, keine Antiseptika!!!

mechanisches Risiko   biologisches Risiko

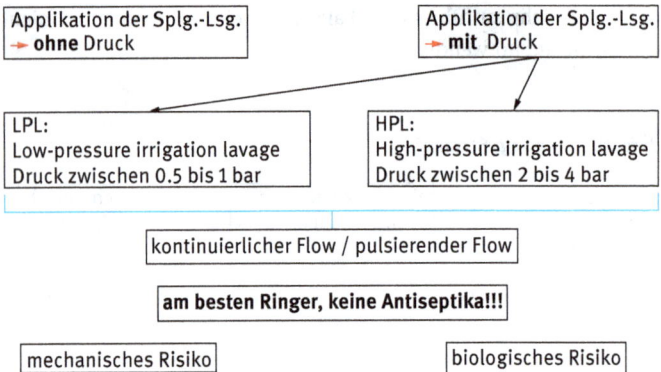

Abb. 2.3: Möglichkeiten der intraoperativen Spülung (Lavage).

2.2 (Akute) Früh-Osteomyelitis

Behandlungsgrundsatz

Ziel: Erhalt der Osteosynthese. Es liegt eine Periimplantatinfektion vor, die grundsätzlich durch die Implantatlager-Revision sowie den Implantat-Wechsel zu therapieren sein sollte.

Es wird **immer** eine Antibiotika-Therapie eingeleitet:

– (drohende) Sepsis: immer kalkulierte Antibiotika-Gabe (Anpassung der Antibiotika nach Antibiogramm),

- akuter lokaler Infekt: immer kalkulierte Antibiotika-Gabe,
- wenn möglich Applikation der Antibiotika nach Entnahme der mikrobiologischen/histologischen Proben.

Behandlungsalgorithmus: individuelles Revisionskonzept – bei Erhalt der Osteosynthese erste Revision nach 48–72 h.

V. a. (akute) Früh-Osteomyelitis (Klinik, Paraklinik, Bildgebung)
   Notfall-Revisionseingriff (Ersteingriff innerhalb von 6 h)
↓ (chirurgisches Weichteildebridement mit Entnahme mikrobiologischer/histologischer Proben)
↓ Überprüfung einer einliegenden Osteosynthese
→ Osteosynthese suffizient: Erhalt anstreben
→ Osteosynthese insuffizient: Verfahrenswechsel zur temporären Stabilisierung
↓ Entfernen des einliegenden Osteosynthesematerials
↓ chirurgisches Debridement des Implantatlagers, Entnahme mikrobiologischer/histologischer Proben
↓ nach dem chirurgischen Debridement von Weichteilen und Knochen Jet-Lavage (*Low-Pressure*-System) mit mindestens 6 L NaCl 0,9 % (oder Ringer) (Antiseptika wie z. B. Octenisept® sind **verboten**)
↓ Einlegen von Lavasept®-Kompressen in die Wunde. Einwirkzeit: 10 min, danach Ausspülen der ges. Wunde mit Ringer oder NaCl 0,9 %
↓ Beendigung des Revisionsteils des Eingriffs
↓ komplettes steriles Neuabdecken und Wechsel von Handschuhen und Instrumenten
→ wenn Osteosynthese suffizient: Reimplantation mit **neuem** Osteosynthesematerial
→ wenn Osteosynthese insuffizient: **keine primären definierten Re-Osteosynthesen**
   - extramedulläres Implantat + keine Markraumrevision geplant: Stabilisierung mittels Fixateur externe

- Implantat + Markraumrevision geplant: temporärer (Antibiotikum)-Nagel (siehe unten)
↓ Wundverschluss (in Abhängigkeit von der Weichteilsituation primär oder „temporär")
↓ elastokompressiver Verband (siehe unten)

Besteht die Möglichkeit des Erhalts der Osteosynthese, sollte tendenziell der erste Revisionseingriff nach 48–72 h erfolgen (ELK).

Ansonsten:
- geplanter Revisionseingriff (routinemäßig nach ca. einer Woche bei erwartungsgemäßem Verlauf , i. e. klinischer und paraklinischer Infektberuhigung, bei nicht erwartungsgemäßem Verlauf individuell früher), gleiches Procedere wie beim Ersteingriff,
- Endpunkt der Revisionsphase: klinische und paraklinische Infektberuhigung,
- die nachweisbare Keimfreiheit ist **nicht zwingend notwendig.**

Antibiotika-Therapie: siehe Kapitel 4

2.3 (Chronische) Spät-Osteomyelitis (i. e. chronische Osteomyelitis, Spät-Osteomyelits, akute Exazerbation einer chronischen Osteomyelitis, Low-grade-Infektion)

Behandlungsgrundsatz: Es liegt eine manifeste Knocheninfektion vor, die grundsätzlich nicht mehr durch die Implantatlager-Revision sowie den Implantat-Wechsel zu therapieren ist. Die Materialentfernung sowie der Verfahrenswechsel bei der Stabilisation des Knochens sind **zwingend** erforderlich.

Behandlungsalgorithmus: individuelles Revisionskonzept.

V. a. chronische Osteomyelitis (Klinik, Paraklinik, Bildgebung)

↓ dringliche Revisionsoperation (Ersteingriff) **kein Notfall**

↓ (chirurgisches Weichteildebridement mit Entnahme mikrobiologischer/histologischer Proben

↓ Entfernen des einliegenden Osteosynthesematerials

↓ chirurgisches Debridement am Knochen bis hin zur Segmentresektion mit Entnahme mikrobiologischer/histologischer Proben

↓ nach ausgiebigem chirurgischen Debridement von Weichteilen und Knochen Jet-Lavage (*Low-Pressure*-System) mit mindestens 6 l NaCl 0,9 % oder Ringer-Lösung (Antiseptika wie z. B. Octenisept® sind **verboten**)

↓ Stabilisierung des Knochens:

→ extramedulläres Implantat + keine Markraumrevision geplant: Stabilisierung mittels Fixateur externe

→ Implantat + Markraumrevision geplant: temporärer (Antibiotikum)-Nagel (siehe unten)

↓ nochmalige Jetlavage mit 0,9 % NaCl oder Ringer-Lösung

↓ Einlegen von Lavasept®-Kompressen in die Wunde. Einwirkzeit: 10 min, danach Ausspülen der ges. Wunde mit Ringer oder NaCl 0,9 % oder Ringer-Lösung

↓ Beendigung des Revisionsteils des Eingriffs, komplettes steriles Neuabdecken und Wechsel von Handschuhen und Instrumentarium

↓ Wundverschluss (in Abhängigkeit von der Weichteilsituation primär oder „sekundär")

↓ elastokompressiver Verband (siehe unten)

– geplanter Revisionseingriff (routinemäßig nach ca. einer Woche bei erwartungsgemäßem Verlauf, i. e. klinischer und paraklinischer Infektberuhigung, bei nicht erwartungsgemäßem Verlauf individuell früher), gleiches Procedere wie beim Ersteingriff,

– Endpunkt der Revisionsphase: klinische und paraklinische Infektberuhigung,

– die nachweisbare Keimfreiheit ist **nicht zwingend notwendig**.

Antibiotika-Therapie: siehe Kapitel 4

2.4 Weichteildefekte

Vorbestehende oder nach den Revisionsoperationen bestehende Weichteildefekte werden schnellstmöglich gedeckt.

Hierzu ist ein individuelles Behandlungskonzept zu etablieren, welches durch frühestmögliche Kontaktaufnahme mit den Kollegen der Plastischen Chirurgie sicherzustellen ist.

Regeln:

- persistierender, nicht beherrschter Infekt: keine plastische Deckung, temporärer Wundverschluss mittels z. B. Vacuseal®,
- beherrschter Infekt: plastische Deckung,
- keine Knochenrekonstruktionen bei nicht gewährleisteter Weichteildeckung.

Die notwendige erweiterte Diagnostik (z. B. Angiographie, Angio-CT oder Angio-MR) wird mit den Kolleginnen und Kollegen der plastischen Chirurgie abgesprochen.

2.5 Gelenkinfektion: Definition der Begrifflichkeiten

2.5.1 Zeitliche Zuordnung

- **Frühinfekt:** Auftreten eines Infektes innerhalb von vier Wochen nach einem Ereignis,
- **Spätinfekt:** Auftreten eines Infektes nach einem Zeitraum von vier Wochen nach einem Ereignis.

2.5.2 Klinische/histologische Zuordnung

- **akuter Infekt:** akutes Ereignis mit dem Vollbild des Gelenkinfektes **Notfall,** zeitlich **nicht zwingend** identisch mit einem Frühinfekt,
- **chronischer Infekt:** chronische Infekt-Situation, zeitlich **nicht zwingend** zuzuordnen,
- *Low-Grade*-**Infekt:** klinisch wenig pathognomonisch, Histologie: 23 neutrophile Granulozyten/10 HPF.

Einteilung: Es gibt verschiedene Arten der Gelenkinfektionsklassifikation. Die am häufigsten verwendete ist die von Gächter et al. [Gächter A; 1985, Der Gelenkinfekt. Inform Arzt 6: 9]:
- Stadium I: Synovialishyperämie,
- Stadium II: Synovialhypertrophie,
- Stadium III: Synovialschwamm,
- Stadium IV: „Synovialismalignität".

2.6 Chirurgische Therapie der akuten Gelenkinfektion (≈ Frühinfektion, akuter Frühinfekt, akute Exazerbation einer chronischen Infektion)

Die akute Gelenkinfektion ist ein dringlicher **chirurgischer Notfall**, gehört in stationäre Behandlung und erfordert die **sofortige** chirurgische Therapie (**Notfall-OP** innerhalb von 6 h).

Es wird **immer** eine Antibiotika-Therapie eingeleitet.
- drohende Sepsis: immer kalkulierte Antibiotika-Gabe (Anpassung der Antibiotika nach Antibiogramm),
- akuter lokaler Infekt: immer kalkulierte Antibiotika-Gabe,
- wenn möglich Applikation der Antibiotika nach Entnahme der mikrobiologischen/histologischen Proben.

Tab. 2.2: Entscheidungsalgorithmus nach der erweiterten Klassifikation nach Schmidt (Bühler, Engelhardt, Schmidt: Septische postoperative Komplikationen; Springer Wien I New York 2003; ISBN3-211-83811-2).

Stadium nach Gächter	Vorbehandlung			Infektausdehnung			
	V1 = keine	V2 = ASK	V3 = offene Revision	A: Weichteile	B: nur Gelenk	C: Knochen	D: Gelenk + Knochen
Stadium 1:	ASK-Splg.	1× ASK; ggf. umsteigen	offene Revision	ASK-Splg.	ASK-Splg.	offene Revision	offene Revision
Synovialhyperämie	5 Tage AB	5 Tage AB	14 Tage AB	5 Tage AB	5 Tage AB	14 Tage AB	14 Tage AB
Stadium 2:	ASK-Splg.	1× ASK; ggf. umsteigen	offene Revision	ASK-Splg.	ASK-Splg.	offene Revision	offene Revision
Synovialhypertrophie	7 Tage AB	7 Tage AB	14 Tage AB	7 Tage AB	7 Tage AB	14 Tage AB	14 Tage AB
Stadium 3:	offene Revision	offene Revision	offene Revision	offene Revision	offene Revision	offene Revision	offene Revision
Synovialschwamm	14 Tage AB	14 Tage AB	14 Tage AB	14 Tage AB	14 Tage AB	14 Tage AB	14 Tage AB
Stadium 4:	offene Revision	offene Revision	offene Revision	offene Revision	offene Revision	offene Revision	offene Revision
Synovialmalignität	14 Tage AB	14 Tage AB	14 Tage AB	14 Tage AB	14 Tage AB	14 Tage AB	14 Tage AB

Die Auswahl des Therapieverfahrens erfolgt nach der erweiterten Klassifikation nach Schmidt, welche die Vorbehandlung, die Infekt-Ausdehnung und den Grad der Gelenkschädigung mit einbezieht (s. o.).

2.6.1 Arthroskopie

Tab. 2.3: Indikation zur arthroskopischen Gelenkrevision.

Möglich	Sinnvoll
Schulter	×
Ellenbogen	%
Handgelenk	%
Hüfte	(×)
Knie	×
OSG	(×)

Behandlungsalgorithmus: Ziel: Gelenkerhalt, deshalb: Etappenlavage.

Zeitintervall: 3–5 Tage, abhängig von Klinik, Paraklinik und Keim

↓ typische Zugänge werden gewählt

↓ Probenentnahme (Histologie und Mikrobiologie) bei jedem Eingriff aus allen erreichbaren Kompartimenten, exakte Dokumentation der Entnahmestelle

→ Spüllösung: Ringer oder NaCl 0,9 %, **Antiseptika** sind wegen der potentiellen Knorpeldestruktion **verboten**

→ Menge der Spüllösung: sechs bis neun Liter

↓ die Drainage erfolgt mittels Redondrainagen, welche über die Arhroskopiezugänge eingebracht werden, Saug-Spül-Drainagen kommen nicht zum Einsatz

↓ nach Wundverschluss elastokompressives Wickeln

→ wird nach der **zweiten** arthroskopischen Gelenkrevision keine Infektberuhigung erzielt, erfolgt die offene Gelenkrevision mit kompletter Synovektomie

Antibiotika-Therapie: siehe Kapitel 4, **Offenes Vorgehen im akuten Infekt:** siehe Kapitel 2.7

2.7 Offen chirurgische Therapie der chronischen Gelenkinfektion (chronischer Gelenkinfekt, Spätinfekt, akute Exazerbation einer chronischen Infektion, *Low-grade*-Infektion)

Behandlungsalgorithmus: individuelles Revisionsprogramm: Revisionshäufigkeit und Zeitpunkt richten sich nach Lokalbefund und Paraklinik.

↓ Arthrotomie

↓ Weichteildebridement

↓ offene Synovektomie des Gelenkes

↓ Entnahme mikrobiologischer/histologischer Proben aus allen Geweben, **Dokumentation** der Entnahmestellen

↓ danach wird der Situs mittels Jet-Lavage (3–6 L Ringerlösung) hydromechanisch gereinigt

↓ nochmaliges steriles Abwaschen und Abdecken des Operationssitus und Wechsel von Handschuhen und Instrumentarium

↓ nach Resektion der Gelenkflächen (≈ Knorpel entfernt): Einlegen von Lavasept®-Kompressen in die Wunde, Einwirkzeit: 10 min

↓ Installation eines lokalen Antibiotikums, wie Sulmycin, Gentacol oder Septocoll (PMMA-Ketten werden wegen der mechanischen Destruktion des Knorpels nicht eingesetzt)

→ Modifikation des Behandlungsalgorithmus abhängig von:
  - Knorpel gut (fast nie der Fall): **Etappenlavage**; gelingt es nach zwei offenen Revisionen nicht, den Infekt zu sanieren, müssen die Knorpelflächen der Gelenke komplett reseziert werden,
  - Knorpel destruiert: **individuelles Revisionsprinzip.**
→ Umgang mit dem Gelenk („Stabilisierung")
  - Knorpel gut, Gelenk zu halten: Ruhigstellung bis zur Weichteilkonsolidierung (≈ 48 h), danach funktionelle Therapie,
  - Knorpel schlecht, Gelenk destruiert, keine weitgehende Markraumrevision durchgeführt oder absehbar notwendig: Fixateur externe,
  - Knorpel schlecht, Gelenk destruiert, Markraumrevision durchgeführt und auch weiterhin notwendig: intramedulläre Stabilisierung (z. B. Kohlefaserstab).
→ Spacer:
  - Knorpel gut, Gelenk zu halten: keine Spacer,
  - Gelenkflächen reseziert: PMMA-Spacer (antibiotikahaltig).
↓ schichtweiser Wundverschluss
↓ elastokompressiver Verband

Antibiotika-Therapie: siehe Kapitel 4

2.8 Empfehlungen für das weitere Vorgehen nach Gelenkinfektberuhigung

2.8.1 Endoprothetik nach beruhigtem Infekt

Voraussetzung
Infektion beherrscht, anatomische Voraussetzungen für ein funktionierendes Gelenk gegeben:
- regelhaft bei Hüfte, Knie und Schulter,
- problematisch bei Ellenbogen und oberem Sprunggelenk (OSG).

Aufgrund der ungenügenden Weichteildeckung sowie des Risikos neurologischer Folgeschäden sind die Ergebnisse bislang wenig zufriedenstellend.

2.8.2 Arthrodese

Voraussetzung
Infektion beherrscht, anatomische Voraussetzungen für ein funktionierendes Gelenk nicht gegeben:
- gut durchführbar: Kniegelenk, OSG/STG, Handgelenk,
- problematisch: Ellenbogen,
- nicht sinnvoll: Schulter, Hüfte.

Infektion beherrscht, Infektion durch Problemkeim initiiert (z. B. MRSA, MRSE, „**difficult to treat**"-Typen wie *S. epidermidis*): intensive **Aufklärung** des Patienten notwendig, Erklärung der Empfehlung zur Arthrodese, Stellenwert von 3MRGN und 4MRGN zzt. noch nicht geklärt

2.8.3 Resektionszustand

Voraussetzung
Infektion beherrscht, anatomische Voraussetzungen für ein funktionierendes Gelenk nicht gegeben:
- gut durchführbar: Schulter, Hüfte,
- problematisch: Ellenbogen („Sine-sine-Situation": immer Orthese notwendig).

2.8.4 Amputation

Voraussetzung
Vital bedrohliche septische Arrosionsblutungen, bei generalisierter Sepsis oder bei ausgedehnten Haut- und Weichteildefekten ohne Rekonstruktionsmöglichkeiten

In Ausnahmefällen nach ausgiebiger Aufklärung des Patienten (z. B. absehbar langes Heilverfahren, dem der Patient nicht mehr gewachsen ist) oder auf Wunsch des Patienten, die psychologische Begleitbehandlung ist in diesen Fällen zwingend.

Fistula persistens: Für multimorbide Patienten mit begrenzter Lebenserwartung, die ein aufwendiges und zerrendes Revisionsprogramm nicht durchstehen, gilt sie als Ausnahmeverfahren.

2.9 Periprothetische Infektionen: Definition der Begrifflichkeiten

2.9.1 Zeitliche Zuordnung

– **Frühinfekt:** Auftreten eines Infektes innerhalb von vier Wochen nach einem Ereignis,
– **Spätinfekt:** Auftreten eines Infektes nach einem Zeitraum von vier Wochen nach einem Ereignis.

2.9.2 Klinische/histologische Zuordnung

– **akuter Infekt:** akutes Ereignis mit dem Vollbild des Gelenkinfektes **Notfall,** zeitlich **nicht zwingend** identisch mit einem Frühinfekt,
– **chronischer Infekt:** chronische Infekt-Situation, zeitlich **nicht zwingend** zuzuordnen,

- **Low-grade-Infekt:** klinisch wenig pathognomonisch, Histologie: 23 neutrophile Granulozyten/10 HPF.

2.9.3 Behandlungsstrategie

- (akuter) Frühinfekt: Versuch des Prothesenerhalts,
- alle anderen: mindestens **zweizeitiges** Vorgehen.

2.10 Offen chirurgische Therapie von (akuten) periprothetischen Frühinfekten (≈ Frühinfekt, akuter Frühinfekt): Versuch des Prothesenerhaltes

Es wird **immer** eine Antibiotika-Therapie eingeleitet.
- drohende Sepsis: immer kalkulierte Antibiotika-Gabe (Anpassung der Antibiotika nach Antibiogramm),
- akuter lokaler Infekt: immer kalkulierte Antibiotika-Gabe,
- wenn möglich Applikation der Antibiotika nach Entnahme der mikrobiologischen/histologischen Proben.

Prothesenerhalt
Voraussetzungen zur Erhaltung der Prothese sind:
- Prothesenimplantationen unter drei Monaten,
- frühe hämatogene Infektionen,
- Symptome unter drei Wochen,
- stabile Implantate,
- keine Fisteln oder Abszesse,
- Biofilm – aktive Antibiotika-Therapie verfügbar und durchführbar
- keine Mikrovariationen von *S. aureus*, keine Enterokokken, keine Pilze oder multiresistenten Keime.

Behandlungsalgorithmus: Etappenlavage: Zeitintervall: 3–5 Tage, abhängig von Klinik, Paraklinik und Keim.

↓ Arthrotomie
↓ Weichteildebridement
↓ offene Synovektomie des Gelenkes
↓ Entnahme mikrobiologischer/histologischer Proben aus allen Geweben, **Dokumentation der Entnahmestellen**
↓ Entfernung der beweglichen Teile (Inlay, Keramikkopf)
↓ nochmals radikales Knochen- und Weichteildebridement, konsequente Nekrektomie mit Resektion aller avitalen Strukturen
↓ danach wird der Situs mittels Jet-Lavage (6–9 L Ringerlösung) hydro-mechanisch gereinigt
↓ anschließend wird ein lokales Antiseptikum, z. B. Lavasept, auf eingelegten Kompressen oder Bauchtüchern über 5–10 Minuten instilliert, danach Ausspülen der ges. Wunde mit Ringer oder NaCl 0,9 %
↓ nochmaliges steriles Abwaschen und Abdecken des Operationssitus und Wechsel von Handschuhen und Instrumentarium
↓ Implantation eines Interim-Kopfes bzw. Inlays (Kunststoffmaterialien sind **verboten**)
↓ Einlage von testgerechten Antibiotikavliesen (wenn möglich)
↓ Einlegen von Redon-Drainagen
↓ schichtweiser Wundverschluss
↓ elastokompressiver Verband
→ wenn nach zwei Revisionsoperationen keine Infektberuhigung herbeizuführen ist, Explantation der Prothese

Antibiotika-Therapie: siehe Kapitel 4

2.11 Therapie von periprothetischen Spätinfekten (≈ chronischer Infekt, akute Exazerbation eines chronischen Infektes, Spätinfektion)

Zweizeitiger Prothesenwechsel

- ↓ radikales Knochen- und Weichteildebridement, konsequente Nekrektomie mit Resektion aller avitalen Strukturen
- ↓ histologische/mikrobiologische Proben von allen resezierten Geweben, auch Abstrich von „Flüssigkeiten"
- ↓ Explantation der Prothese mit Pfannenausfräsung und Markraumrevision (z. B. Überbohrung)
- ↓ histologische/mikrobiologische Proben aus Prothesen-Schaft und -Pfanne
- ↓ danach werden der Situs sowie Pfanne und Markraum mittels Jet-Lavage (3–6 L Ringerlösung) hydromechanisch gereinigt
- ↓ lokales Antiseptikum, z. B. Lavasept®, auf eingelegten Kompressen oder Bauchtüchern über 5–10 Minuten instilliert, auch in Pfanne und Schaft
- ↓ danach Ausspülen der ges. Wunde mit Ringer oder NaCl 0,9 %
- ↓ nochmaliges steriles Abwaschen und Abdecken des Operationssitus und Wechsel von Handschuhen und Instrumentarium
- ↓ ggf. Implantation einer Intervallprothese aus antibiotikahaltigem Zement oder ggf. PMMA-Ketten (ebenso sind Antibiotikavliese möglich)
- ↓ Einlegen von Redon-Drainagen
- ↓ schichtweiser Wundverschluss
- ↓ elastokompressiver Verband

Antibiotika-Therapie: siehe Kapitel 4

2.12 Indikation für einen Spacer (Intervallprothese)

Notabene: Die Indikationen für die Implantation gelten auch für den Gelenkinfekt.

- geplante (Revisions)endoprothetik,
- bei Instabilität des Gelenkes,
- zum Erhalt der „Länge" der Extremität (nach „Längenverlust" im Rahmen der Revisionseingriffe), auch wenn Arthrodese geplant ist,
- bei absehbar langem Wechselintervall.

Notabene: Vorsicht bei der Indikation zur Implantation ist geboten bei hochgradiger Osteoporose nach Explantation einer Hüftendoprothese. **Cave:** „Durchschleifen".

- Schulter: kleinster Formspacer für das Hüftgelenk, Alternative: Hybridspacer,
- Ellenbogen: Hybridspacer, z.B. Nagel mit (antibiotikumhaltigem) PMMA ummantelt
- Hüfte: Hybridspacer,
- Knie: abhängig vom Typ der explantierten Prothese,
- Oberflächenersatz: lokaler Spacer plus Fixateur externe,
- „Schaftprothesen": lokaler Spacer plus intramedulläre Stabilisierung (z. B. Kohlefaserstab),
- OSG: lokaler Spacer plus Fixateur externe (ggf. Cast).

Notabene: PMMA-Ketten werden spätestens nach sechs Wochen entfernt (Ende der AB Freisetzung).
Sie werden dergestalt eingelegt, dass sie perkutan sukzessive gezogen werden können und so nicht „einwachsen" („eine Kugel pro Tag").

→ Wundverschluss nicht spannungsfrei oder Durchblutung gefährdet: Vakuumverband (Vacuseal®)
→ *second* bzw. *third look* in Abhängigkeit von Befund, Klinik und Paraklinik sowie mikrobiologischem/histologischem Befund

2.12.1 Überlegung zur temporären Transfixation im Revisionszyklus

Abhängigkeit vom Bonestock
Knocheninfektion
- ohne/oder mit kurzstreckiger Markraumrevision: Fixateur,
- mit langstreckiger Markraumrevision: Spacernagel.

Gelenkinfektion
- ohne/oder mit kurzstreckiger Markraumrevision: Fixateur,
- mit langstreckiger Markraumrevision: Spacernagel.

Protheseninfektion
- Oberflächenersatz: Fixateur,
- andere: Spacernagel.

2.12.2 Restaging/Technik

- vor jeder geplanten Revisionsendoprothetik,
- Absetzen der Antibiotika 14 Tage vor dem Restaging.

Management
- t_0: letzter Revisionseingeriff,
- t + 6 W: Absetzen des Antibiotikums,
- t + 8 W: Restaging,
- t + 10 W: Re-Implantation (wenn kein Keimnachweis vorliegt),
- Gewinnung in Form von (Stufen-)Biopsien,
- keine Aspirationsmikrobiologie,
- Gewinnung an standardisierten Lokalisationen.

Notabene: Gewinnung von Gewebsmaterial an standardisierten/repräsentativen Lokalisationen aus allen Gelenkanteilen (Knochen und Weichteilen).

Stufenbiopsie! Keine Punktate oder Aspirate! Entnahme unter BV-Kontrolle.

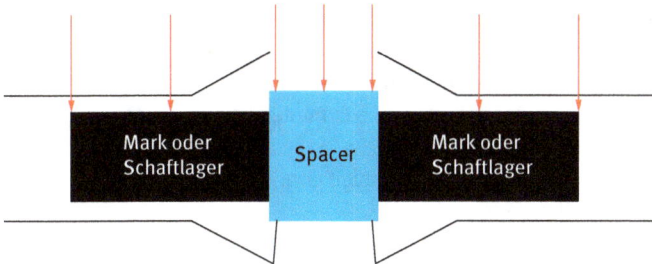

Beispiele: Diaphysärer Knochendefekt, Kniegelenk etc.

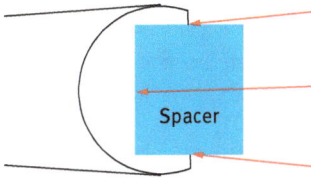

Beispiele: Hüftgelenk, Schultergelenk

Abb. 2.4: Entnahme von Gewebeproben (die Pfeile markieren die Entnahmestellen).

2.12.3 Vorgehen bei erneutem Keimnachweis im Restaging

– immer **individuelle** Entscheidung,
– immer intensive und enge Patientenführung (Einbindung in die Entscheidungen, Aufklärung usw.).

Tendenz: junger gesunder Patient + gute Weichteile lokal + gute Knochenqualität + grampositive Erreger (keine DTTs)
↓ Infektsanierung und Revisionsendoprothetik

2.13 Resektionsarthroplastik

Die Prothesenexplantation mit Anlage einer Resektionsarthroplastik spielt immer dann eine Rolle, wenn:
- aufgrund der Resistenzlage der Erreger keine vollständige Infekteradikation erzielt werden kann,
- eine Reendoprothetik dem Patienten aufgrund individuell zu klärender Ursachen nicht zuzumuten ist.

Die Resektionsarthroplastik spielt eine Rolle an:
- Schulter,
- Ellenbogen,
- Hüfte.
- ↓ radikales Knochen- und Weichteildebridement, konsequente Nekrektomie mit Resektion aller avitalen Strukturen
- ↓ histologische/mikrobiologische Proben von allen resezierten Geweben, auch Abstrich von „Flüssigkeiten"
- ↓ Explantation der Prothese

> **Notabene:** Im Falle der Hüftendoprothese: Pfannenausfräsung und Markraumüberbohrung

- ↓ histologische/mikrobiologische Proben aus „Prothesen-Schaft und -Pfanne"
- ↓ danach werden der Situs sowie Pfanne und Markraum mittels Jet-Lavage (3–6 L Ringerlösung) hydromechanisch gereinigt
- ↓ lokales Antiseptikum, z. B. Lavasept®, auf eingelegten Kompressen oder Bauchtüchern über 5–10 Minuten instilliert, auch in Pfanne und Schaft
- ↓ Ausspülen des Situs mit NaCl 0,9 % oder Ringer-Lösung, auch „Markraumspülung"
- ↓ nochmaliges steriles Abwaschen und Abdecken des Operationssitus und Wechsel von Handschuhen und Instrumentarium

→ gegebenenfalls Einlegen eines Wirkstoffträgers zur testgerechten Antibiose, z. B. in Form von PMMA-Ketten oder AB-Vliesen
↓ Einlegen von Redon-Drainagen
↓ schichtweiser Wundverschluss
↓ elastokompressiver Verband

Antibiotika-Therapie: siehe Kapitel 4

2.14 Septische Amputationen

– Septische Amputationen erfolgen **immer** offen. Ein schichtweises Vernähen der einzelnen Gewebsschichten unterbleibt.
– Lediglich bei großen Weichteilwunden erfolgt der lockere Wundverschluss mit Einzelknopfnähten dergestalt, dass sich bildendes Sekret ausreichend Abfluss hat.
– Es findet immer ein *second look* nach 48 h bei einliegenden Tüchern statt.
– Ansonsten erfolgt eine Revision nach Klinik und Paraklinik.
– Bei ausbleibenden Infektzeichen wird ein sukzessiver Wundverschluss über ausreichender Drainage vorgenommen.

2.15 Fistula persistens

Die Fistula persistens mit und ohne Anlage einer Resektionsarthroplastik spielt immer dann eine Rolle, wenn die Patienten aufgrund ihres Alters oder ihrer Multimorbidität einem ausgedehnten Revisionsprogramm nicht mehr zugeführt werden können.

Das operative Vorgehen entspricht dem beim Prothesenerhalt.
↓ vor dem Wundverschluss eine großlumige Silikondrainage in das Gelenk einlegen
↓ anatomischer schichtweiser Wundverschluss über der Drainage

↓ Ausleiten der Drainage an anatomisch günstigen Lokalisationen
  („Stomapflege")
→ Belassen der Drainage *in situ* für sechs bis acht Wochen
→ Kürzen der Drainage nach definitiver Wundheilung und Versorgen mit einem Stomabeutel

> **Notabene:** Die Stomapflege ist zwingend notwendig, auch nach Entfernung der Drainage darf sich die Fistel nicht verschließen (Schnellkochtopf-Ventil-Prinzip).

Antibiotika-Therapie: siehe Kapitel 4

2.16 Umgang mit PMMA-Ketten

– PMMA-Ketten verbleiben **nicht** dauerhaft in situ (keine *Lost Chains*).
– Im Markraum langer Röhrenknochen platzierte PMMA-Ketten werden perkutan ausgeleitet und ab dem zweiten Tag täglich um 1–2 Kugeln zurückgezogen.
– Ist dieses nicht möglich, werden die Ketten planmäßig nach sechs Wochen operativ entfernt.
– Vor lappenplastischen Rekonstruktionen werden PMMA-Ketten entfernt. Bei notwendiger lokaler Antibiotika-Therapie werden Antibiotika-Vliese oder Antibiotika-Folien verwendet.

2.17 Anwendung von Antiseptika

Regeln:
– keine Anwendung von Antiseptika für die Jet-Lavage,
– Jet-Lavage mit Ringer-NaCl 0,9 % oder spezieller Spüllösung befüllen,

- nach Beendigung des Debridements: Antiseptika getränkte Kompressen oder Bauchtücher für ca. zehn Minuten in die Wunden einlegen,
- danach konsequentes Ausspülen der Wunden mit NaCl 0,9 % oder Ringer-Lösung,
- ausschließliche Anwendung von Lavasept®,
- andere antiseptische Lösungen wie Braunovidon®, Wasserstoffperoxid, Octenisept sind **verboten,**
- **Ausnahme:** Reinigung der Wundumgebung intraoperativ, hier kann Wasserstoffperoxid auf Grund seiner hervorragenden reinigenden Wirkung verwendet werden.
- **Vorsicht:** Wasserstoffperoxid sollte nicht in den Op.-Situs gelangen. wenn doch: Ausgiebig spülen).

2.18 Blutkonserven und Gerinnungspräparate

Entsprechend des geplanten Eingriffs sind präoperativ folgende Konservenmengen bereitzustellen:
- einfacher Revisionseingriff (Weichteildebridement etc.) → 2 Konserven,
- Revisionseingriff mit ausgedehnter Knochenresektion → 4 Konserven,
- Revisionseingriff am Gelenk mit Gelenkresektion → 4 Konserven,
- Revisionseingriffe mit Prothesenexplantation u. E. → 4 bis 6 Konserven. Individuelle Blutungsrisikoeinschätzung).

In besonderen Situationen erfolgt die individuelle Absprache der Konservenzahl präoperativ mit der Anästhesie auch in Bezug auf die Blutgerinnung.

2.19 Verbandstechniken im Operationssaal

→ elastokompressives Wickeln zur Totraumverkleinerung
→ an den Extremitäten nach Beendigung der operativen Eingriffe elastokompressive Verbände
↓ Operationswunde trocken verbinden (Kompresse, Pflaster)
↓ Aufbringen einer Lage Schaumstoff
↓ elastisches Wickeln
→ befindet sich der Op.-Situs am Oberschenkel, so wird der Verband als klassischer „Spica-Verband" unter Einbeziehung des Beckens angelegt. (Es ist darauf zu achten, dass die verwendeten Binden ausreichend breit sind.) Für diese Verbandstechniken gelten im Übrigen die klassischen Kontraindikationen, wie z. B. arterielle Durchblutungsstörungen etc.

2.20 Nahttechniken

Wenn immer möglich, intrakutane Hautnaht (Weichteilschonung); **Ausnahme:** bewegte Gelenke, hier Einzelkopf-Nähte

Andreas H. H. Tiemann

3 Knochenrekonstruktion

3.1 Allgemeines

- Indikation zur Spongiosaplastik: zirkuläre Knochendefekte bis zu 4 cm, Knochenteildefekte bis zu 6 cm,
- Voraussetzung: ersatzstarkes Lager,
- Indikation zur Kallusdistraktion: zirkulärer Knochendefekt > 4 cm,
- Voraussetzung: ersatzstarkes Lager.

3.2 Entnahme einer Spongiosaplastik vom vorderen Beckenring

- Rückenlagerung des Patienten (in Seitenlage Entnahme auch möglich),
- Entnahmeort: zwei Querfinger proximal der *Spina iliaca anterior superior* über der *Crista iliaca* (Schonung des *N. cutaneus femoris anterior*),
- bei adipösem Abdomen: Der Assistent hält den Bauch zur Gegenseite.
- ↓ 2–3 cm lange Hautinzision parallel zur *Crista iliaca*
- ↓ Präparation bis zur Muskelfaszie
- ↓ scharfes Spalten der Muskelfaszie parallel zur Faserrichtung
- ↓ Spalten der Muskelfasern bis zum Periost der *Crista iliaca* (Raspatorium oder Skalpell)
- ↓ Wegschieben der Muskulatur nach medial und lateral und Halten mittels spitzer Homann-Haken
- ↓ Eröffnung des Markraumes mit dem breiten Osteotom in der Mitte der *Crista iliaca* (*linea intermedia*) in Längsrichtung, an beiden Enden der Osteotomie im rechten Winkel je eine Osteotomie zur Beckeninnenseite zeigend

↓ Anheben des Knochendeckels mit dem schmalen Osteotom oder einem Raspatorium (nicht am Periost abreißen)

↓ so kann der Knochendeckel zum Abschluss wieder auf den Knochendefekt geklappt werden

↓ Entnahme der Spongiosa mit einem scharfen Löffel, Sammeln in einem sterilen Töpfchen Cave: Perforation der Kortikalis – insbesondere bei osteoporotischem Knochen, Abriss der *Spina iliaca anterior superior*

↓ nach Entnahme der Spongiosa Hämostyptikum in den Defekt

↓ Knochendeckel auf den Defekt klappen

↓ Entfernen der Haken

↓ Verschluss der Muskelfaszie mit Vicryl 3 × 0 in Einzelknopftechnik

↓ Subkutannähte (Vicryl 3 × 0)

↓ Hautnähte in Einzelknopftechnik (Prolene 3 × 0)

↓ trockener Verband

> **Notabene I:** Bei stärkerer Blutung kann subfaszial eine 10er-Redondrainage eingelegt werden.
>
> **Notabene II:** Beckenübersichtsröntgen ist obligat.

3.3 Entnahme einer Spongiosaplastik am hinteren Beckenring

Bauchlagerung des Patienten (auf korrekte Lagerung und entsprechende Lagerungshilfen achten: Thorax, Becken; Knie, OSG, Arme)

↓ Aufsuchen der Spina iliaca posterior superior (bei adipösen Patienten ggf. mit Bildwandler)

↓ Hautinzision ca. 5 cm parallel zur Körper-Längsachse über der *Crista iliaca*

↓ Vorpräparation (scharf) bis zum Knochen

↓ Abschieben der Muskulatur nach beiden Seiten

↓ Eröffnen des Markraums mit dem breiten Osteotom
↓ Bildung eines Knochendeckels (siehe Entnahme am vorderen
   Beckenring), medial „angeschlagen"
↓ weiteres Procedere analog der Entnahme am vorderen Becken-
   kamm

3.4 Vorbereitung des Spongiosalagers

Wesentlich für das Gelingen der Spongiosaplastik ist die funktionie-
rende Mikrozirkulation an der Empfängerlokalisation.
→ Sicherstellen der intakten Mikrozirkulation im Implantationsge-
   biet: makroskopisch
↓ mechanische Reinigung des Lagers mit dem gezahnten scharfen
   Löffel
↓ („sperrendes" Bindegewebe wird entfernt, Knochenenden werden angefrischt, bis Mikroblutungen sichtbar werden)
↓ mechanische Reinigung auch im Markraum
→ bei Verwendung der Masquelet-Technik belassen der Pseudo-
   membran um den Knochendefekt

3.5 Einbringen der Spongiosa: Allgemeines

– Einbringen der Spongiosa mit atraumatischen breiten Pinzetten
   (Quetschen der Spongiosa vermeiden),
– Spongiosa mit breitem Stößel sanft andrücken (keinesfalls im-
   paktieren),
– Kontakt zum Knochen herstellen,
– Spongiosa auch in den Markraum einbringen,
– Spongiosaregel beachten,
– bei großem Querschnitt des zu rekonstruierenden Knochens ggf.
   Markraum nachbilden (z. B. mit Antibiotikum-Vlies).

Notabene: Die Spongiosaregel besagt, dass unter der Voraussetzung eines ersatzstarken Lagers je nach Lokalisation am Knochen nur bestimmte Schichtdicken der eingebrachten Spongiosa „angehen".

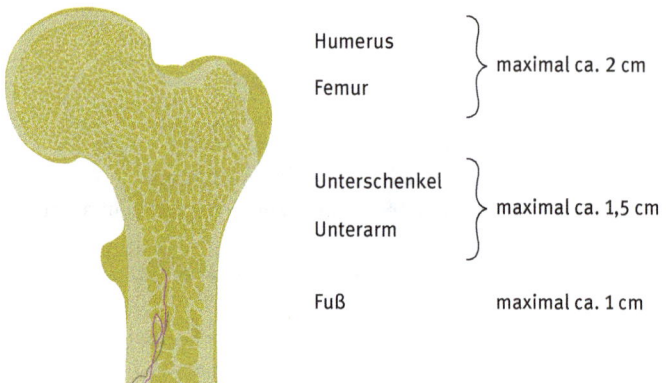

Humerus
Femur } maximal ca. 2 cm

Unterschenkel
Unterarm } maximal ca. 1,5 cm

Fuß   maximal ca. 1 cm

Abb. 3.1: Schichtdicken der Spongiosa in Abhängigkeit von der Lokalisation.

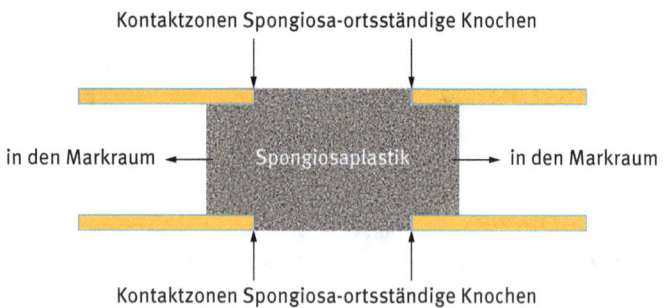

Kontaktzonen Spongiosa-ortsständige Knochen

in den Markraum ←   Spongiosaplastik   → in den Markraum

Kontaktzonen Spongiosa-ortsständige Knochen

Abb. 3.2: Längsschnitt durch eine eingebrachte Spongiosaplastik.

kleiner Querschnitt
ges. Markraum mit
Spongiosa gefüllt

großer Querschnitt
Markraum nur par-
tiell mit Spongiosa
gefüllt. Zentral wird
ein Kollagenvlies
eingebracht

(a)

(b)

Abb. 3.3: Querschnitt durch einen mit Spongiosa befüllten Knochen mit (a) geringem Querschnitt und (b) großem Querschnitt.

3.6 Masquelet-Technik

- spezielle Technik für die Spongiosaplastik,
- Indikation wie für die Spongiosaplastik,
- Revision, Debridement und Infektberuhigung wie oben beschrieben,
- Einbringen eines PMMA-Spacers wie bereits beschrieben,
- Belassen des Spacers bis zur Bildung einer Neo-Membran (nicht unter sechs Wochen),
- nach sechs Wochen Restaging (s. o.) als Stufenbiopsie. Spacer wird **nicht** entfernt,
- wenn kein Keimnachweis möglich, Klinik und Paraklinik unauffällig: Entfernung des Spacers,
- Schonung der Neomembran (keinesfalls Resektion des „harten" Gewebes),
- danach Einbringen der Spongiosa (s. o.),
- Knochenstabilisierung (s. o.).

3.7 Rationale „Knochenrekonstruktion"

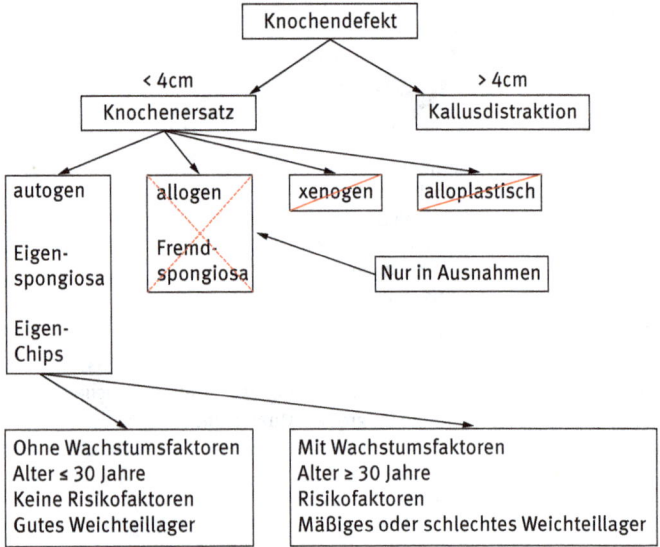

Abb. 3.4: Rationale für die Knochenrekonstruktion.

Lars Frommelt

4 Antibiotika-Therapie

4.1 Antibiotika-Therapie und Prophylaxe: Allgemeines

Im Folgenden wird für einige spezielle Erkrankungen die Antibiotika-Therapie konkretisiert.

Bis auf Ausnahmesituationen, z. B. septischer Schock/SIRS, erfolgt die intraoperative Materialentnahme vor der ersten Antibiotika-Gabe.

Die Therapie von Knochen- und Gelenkinfektionen ist – wenn immer möglich – eine spezifische Therapie unter Berücksichtigung von Erreger und Resistenz des Erregers (Antibiogramm). Aufgrund der hohen Variabilität von Erregern und deren Empfindlichkeit gegenüber Antibiotika muss die kalkulierte Therapie ohne Kenntnis des Erregers die Ausnahme bleiben.

Die Materialgewinnung von Proben zum Erregernachweis ist deswegen von besonderer Bedeutung. Vorangegangene oder laufende Antibiotika-Therapien erschweren den Erregernachweis oder machen ihn unmöglich. Geeignete Proben für die mikrobiologische Untersuchung sind Punktate und Biopsien, keine Abstriche. Bei Biopsien immer sollten mehrere Proben gewonnen werden: Das entnommene Material sollte unverzüglich (idealerweise innerhalb von 2 h bzw. falls nicht möglich: geschützter Transport – z. B. in mit dem Labor abgestimmten Transportmedien) in das mikrobiologische Labor gebracht werden.

Es ist sinnvoll, Rückstellproben (z. B. zwei pro Material) zu archivieren, auf die zurückgegriffen werden kann, um ggf. eine weitergehende Diagnostik (z. B. TBC-Diagnostik, PCR) zum Erregernachweis zu ermöglichen. Die Spezialuntersuchungen sollten nur nach Rücksprache mit dem Labor angefordert werden. Die Lagerung der Rückstellproben sollte bei mindestens –18 °C erfolgen, wobei festzulegen ist, wo und wie die Rückstellproben gelagert werden sollen (s. Kap. 1.6).

Die folgenden Therapievorschläge sind Empfehlungen für eine initiale Antibiotika-Therapie ohne Kenntnis eines Erregers. Nach Erregernachweis müssen unmittelbar eine Re-Evaluierung und Anpassung der laufenden Therapie erfolgen.

4.2 Osteomyelitis

4.2.1 Früh-Infektion ohne systemische Reaktion

Applikation	täglich 3 × 1,5 g Cefuroxim + 2 × 400 mg Ciprofloxacin
Beginn	unmittelbar intra-/postoperativ nach Materialentnahme
Therapiekonzept	– intravenöse Therapie max. eine Woche,
	– Umstellung auf orale Therapie mit täglich 2 × 1 g Amoxicillin + Clavulansäure und 2 × 750 mg Ciprofloxacin für max. fünf Wochen,
	– nach Eintreffen der mikrobiologischen Ergebnisse ist die Therapie ggf. zu adjustieren.
Therapiedauer	max. sechs Wochen

4.2.2 Früh-Infektion mit septischem Schock bzw. manifestem SIRS

Applikation	täglich 3 × 1 g Meropenem + 21 g Vancomycin (bzw. 15 mg/kg KG/12 h)
Beginn	– unverzüglich analog zur Behandlung einer Sepsis anderer Ätiologie (präoperativ),
	– vor Beginn der Therapie zwei Blutkulturen im Abstand von 15–20 min und ggf. Asservierung anderer Proben,
	– chirurgische Intervention so rasch wie möglich!

Therapiekonzept	– intravenöse Therapie bis zur Stabilisierung des Patienten,
	– nach klinischer Situation Umstellung auf orale Therapie mit täglich 2 × 1 g Amoxicillin + Clavulansäure und 2 × 750 mg Ciprofloxacin für max. fünf Wochen,
	– nach Eintreffen der mikrobiologischen Ergebnisse ist die Therapie ggf. zu adjustieren.
Therapiedauer	max. sechs Wochen

4.2.3 Akute Infektion ohne systemische Reaktion

Applikation	täglich 3 × 1,5 g Cefuroxim + 2 × 400 mg Ciprofloxacin
Beginn	unmittelbar intra-/postoperativ nach Materialentnahme
Therapiekonzept	– intravenöse Therapie max. eine Woche,
	– Umstellung auf orale Therapie mit täglich 2 × 1 g Amoxicillin + Clavulansäure und 2 × 750 mg Ciprofloxacin für max. fünf Wochen,
	– nach Eintreffen der mikrobiologischen Ergebnisse ist die Therapie ggf. zu adjustieren.
Therapiedauer	max. sechs Wochen

4.2.4 Akute Infektion mit septischem Schock bzw. manifestem SIRS

Applikation	täglich 3 × 1 g Meropenem + 2 × 1 g Vancomycin (bzw. 15 mg/kg KG/12 h)
Beginn	– unverzüglich analog zur Behandlung einer Sepsis anderer Ätiologie (präoperativ),
	– vor Beginn der Therapie zwei Blutkulturen im Abstand von 15–20 min und ggf. Asservierung anderer Proben,
	– chirurgische Intervention so rasch wie möglich!

Therapiekonzept	– intravenöse Therapie bis zur Stabilisierung des Patienten, nach klinischer Situation Umstellung auf orale Therapie mit täglich 2 × 1 g Amoxicillin + Clavulansäure und 2 × 750 mg Ciprofloxacin für max. fünf Wochen,
	– nach Eintreffen der mikrobiologischen Ergebnisse ist die Therapie ggf. zu adjustieren.
Therapiedauer	max. sechs Wochen

4.2.5 Spätinfektion mit akutem Beginn

Siehe Akute Infektion

4.2.6 Akute Exazerbation einer chronischen Infektion

Siehe Akute Infektion

4.2.7 Chronische (Spät-)Infektion

Applikation	täglich 3 × 4,5 g Piperacillin/Tazobactam + 2 × 400 mg Ciprofloxacin
Beginn	unmittelbar intra-/postoperativ nach Materialentnahme
Therapiekonzept	– intravenöse Therapie von max. einer Woche,
	– Umstellung auf orale Therapie mit täglich 2 × 1 g Amoxicillin + Clavulansäure und 2 × 750 mg Ciprofloxacin bei negativem mikrobiologischem Ergebnis,
	– bei Erregernachweis oder vorbekanntem Erreger individuelle Anpassung,
	– nach Eintreffen der mikrobiologischen Ergebnisse ist die Therapie ggf. zu adjustieren.
Therapiedauer	max. 6–8 Wochen

Ist ein Restaging notwendig (z. B. im Rahmen geplanter weiterer rekonstruktiver Eingriffe), wird bei effektiver antibiotischer Therapie auf eine Unterbrechung der Antibiotika-Therapie verzichtet. Bei Verdacht auf ein Rezidiv sollte präoperativ ein 2- bis 3-wöchiges antibiotikafreies Intervall eingehalten werden (siehe Kap. 1.6.1).

4.3 Gelenkinfektionen

4.3.1 Akute Infektion ohne systemische Reaktion

Applikation	täglich 4 × 2 g Cefazolin + 2 × 400 mg Ciprofloxacin
Beginn	unmittelbar intra-/postoperativ nach Materialentnahme
Therapiekonzept	– intravenöse Therapie max. eine Woche, – Umstellung auf orale Therapie mit täglich 2 × 1 g Amoxicillin + Clavulansäure und 2 × 750 mg Ciprofloxacin für max. fünf Wochen, – nach Eintreffen der mikrobiologischen Ergebnisse ist die Therapie ggf. zu adjustieren.
Therapiedauer	max. sechs Wochen

4.3.2 Akute Infektion mit septischem Schock bzw. manifestem SIRS

Applikation	täglich 3 × 1 g Meropenem + 2 × 1 g Vancomycin (bzw. 15 mg/kg KG/12 h)
Beginn	– unverzüglich analog zur Behandlung einer Sepsis anderer Ätiologie (präoperativ), – vor Beginn der Therapie zwei Blutkulturen im Abstand von 15–20 min und ggf. Asservierung anderer Proben, – chirurgische Intervention so rasch wie möglich!

Therapiekonzept	– intravenöse Therapie von max. einer Woche,
	– Umstellung auf orale Therapie mit täglich 2 × 1 g Amoxicillin + Clavulansäure und 2 × 750 mg Ciprofloxacin für max. fünf Wochen,
	– nach Eintreffen der mikrobiologischen Ergebnisse ist die Therapie ggf. zu adjustieren.
Therapiedauer	max. sechs Wochen

4.3.3 Spätinfektion mit akutem Beginn

Siehe Akute Infektion

4.3.4 Akute Exazerbation einer chronischen Infektion

Siehe Akute Infektion

4.3.5 Chronische Infektion

Applikation	täglich 3 × 4,5 g Piperacillin/Tazobactam + 2 × 400 mg Ciprofloxacin
Beginn	unmittelbar intra-/postoperativ nach Materialentnahme
Therapiekonzept	– intravenöse Therapie von max. einer Woche,
	– Umstellung auf orale Therapie mit täglich 2 × 1 g Amoxicillin + Clavulansäure und 2 × 750 mg Ciprofloxacin bei negativem mikrobiologischem Ergebnis,
	– bei Erregernachweis oder vorbekanntem Erreger individuelle Anpassung,
	– nach Eintreffen der mikrobiologischen Ergebnisse ist die Therapie ggf. zu adjustieren.
Therapiedauer	max. 6–8 Wochen

Ist ein Restaging notwendig (z. B. im Rahmen geplanter weiterer rekonstruktiver Eingriffe), wird bei effektiver antibiotischer Therapie auf eine Unterbrechung der Antibiotika-Therapie verzichtet. Bei Verdacht auf ein Rezidiv sollte präoperativ ein 2- bis 3-wöchiges antibiotikafreies Intervall eingehalten werden (siehe Kap. 1.6.1).

4.4 Periprothetische Gelenkinfektion

4.4.1 Früh-Infektion ohne systemische Reaktion

Bereits in Kap. 2.10 ausgeführt.

Applikation	täglich 3 × Cefuroxim ± 2 × 400 mg Ciprofloxacin
Beginn	unmittelbar intra-/postoperativ nach Materialentnahme
Therapiekonzept	– intravenöse Therapie ca. zwei Wochen, – Umstellung auf orale Sequenztherapie nach Erregernachweis (bei Staphylokokken: nach Resistenzprüfung ggf. Kombination von Levofloxacin oder Cotrimoxazol + Rifampicin; bei gramnegativen Stäbchen nach Resistenzprüfung ggf. Ciprofloxacin; Therapiedauer: jeweils 10–12 Wochen bei Prothesenerhaltungsversuch), bei fehlendem Erregernachweis: Therapieversuch mit 2 × 1 g Amoxicillin + Clavulansäure und 2 × 750 mg Ciprofloxacin für max. fünf Wochen oder Austausch der Prothese (s. dort), – nach Eintreffen der mikrobiologischen Ergebnisse ist die Therapie ggf. zu adjustieren.
Therapiedauer	max. sechs Wochen (bei Erhaltungsversuch: Gesamttherapiedauer ca. zwölf Wochen)

4.4.2 Früh-Infektion mit septischem Schock bzw. manifestem SIRS

Applikation	täglich 3 × 1 g Meropenem + 2 × 1 g Vancomycin (bzw. 15 mg/kg KG/12 h)
Beginn	– unverzüglich analog zur Behandlung einer Sepsis anderer Ätiologie (präoperativ),
	– vor Beginn der Therapie zwei Blutkulturen im Abstand von 15–20 min und ggf. Asservierung anderer Proben,
	– chirurgische Intervention so rasch wie möglich!
Therapiekonzept	– intravenöse Therapie bis zur Stabilisierung des Patienten,
	– nach klinischer Situation Umstellung auf orale Therapie mit täglich 2 × 1 g Amoxicillin + Clavulansäure und 2 × 750 mg Ciprofloxacin,
	– nach Erregernachweis und klinischer Situation: Erhaltungsversuch erwägen bzw. Wechseloperation.
Therapiedauer	in Abhängigkeit vom Vorgehen

4.4.3 Akute Infektion mit oder ohne systemische Reaktion

Siehe Frühinfektion bzw. akute hämatogene Infektion

4.4.4 Akute Exazerbation einer chronischen periprothetischen Gelenkinfektion

Siehe Frühinfekt mit SIRS (siehe Akute Infektion)

4.4.5 Chronische Infektion

Notabene: Bei der Antibiotika-Therapie der chronischen Infektion gilt es zu beachten:
- Chronische Infektionen ohne Allgemeinsymptome benötigen präoperativ keine Antibiotika-Therapie!
- Der Erregernachweis muss zwingend versucht werden.
- Bei fehlendem Erregernachweis müssen intraoperativ vor Gabe von Antibiotika mindestens drei bis sechs Biopsien (**keine** Abstriche) für die mikrobiologische und histologische Untersuchung gewonnen und ggf. die Sonikation der entfernten Prothesenteile erwogen werden.

Applikation	– bei fehlendem präoperativem Erregernachweis ist die Entfernung der Prothese auch ein diagnostischer Eingriff!
	– kalkulierte Antibiotika-Therapie: täglich 2 × 15 mg/kg KG Vancomycin und 3 × 1 g Meropenem (alternativ sind andere Schemata möglich, wobei methicillinresistente Staphylokokken und Enterobakterien (z. B. Escherichia coli) erfasst werden sollten (Hausstandards unter Mitwirkung von klinischen Mikrobiologen und/oder Infektiologen festschreiben!).
Beginn	unmittelbar intra-/postoperativ nach Materialentnahme
Therapiekonzept	– intravenöse Therapie von ca. zwei Wochen, danach spezifische Therapie nach Erregernachweis,
	– bei fehlendem Erregernachweis ggf. kalkulierte orale Sequenztherapie mit täglich 2 × 1 g Amoxicillin + Clavulansäure und täglich 2 × 500 mg Levofloxacin,
	– bei Erregernachweis oder vorbekanntem Erreger individuelle Anpassung,
	– nach Eintreffen der mikrobiologischen Ergebnisse ist die Therapie ggf. zu adjustieren.
Therapiedauer	max. sechs Wochen

Ist ein Restaging notwendig (z. B. im Rahmen geplanter weiterer rekonstruktiver Eingriffe), wird bei effektiver antibiotischer Therapie auf eine Unterbrechung der Antibiotika-Therapie verzichtet. Bei Verdacht auf ein Rezidiv sollte präoperativ ein 2- bis 3-wöchiges antibiotikafreies Intervall eingehalten werden (siehe Kap. 1.6.1).

4.4.6 Prothesenerhalt bei Früh-Infektion

Siehe Abschnitt: Früh-Infektion ohne systemische Reaktion
Bereits in Kapitel 2.10 erwähnt.

4.4.7 Bei einzeitigem Prothesenwechsel

Notabene: Die folgenden Aussagen beziehen sich ausschließlich auf einseitige Wechsel unter Benutzung von Antibiotika-beladenem PMMA-Knochenzement; für einzeitige zementfreie Revision ohne lokale Antibiotika (z. B. auch mit Antibiotika beladene Knochentransplantate) fehlen zzt. belastbare Studien.

Voraussetzungen für einzeitige Wechsel unter Benutzung von lokalen Antibiotika (in der Regel Antibiotika-beladener PMMA-Knochenzement):
1. Erreger muss präoperativ bekannt sein.
2. Es müssen Antibiotika für eine gezielte lokale Therapie verfügbar sein (Resistenz/Allergie!).
3. Die Ausdehnung der Infektion muss vollständig für ein chirurgisches Debridement zugänglich sein.
4. Eine kalkulierte Therapie erscheint aufgrund des bekannten Erregernachweises und der Resistenzprüfung nicht sinnvoll!

Dauer der Antibiotika-Therapie in Abhängigkeit vom Erreger und postoperativem Verlauf: 2–4 Wochen; eine orale Sequenztherapie ist von Ausnahmen abgesehen nicht erforderlich.

4.4.8 Zweizeitiger (mehrzeitiger) Prothesenwechsel

Notabene: Bei zwei- oder mehrzeiligen Wechseln sollte der Erregernachweis ebenfalls präoperativ bekannt sein; in diesem Fall wird eine spezifische Antibiotika-Therapie nach Erreger und Resistogramm lokal wie systemisch durchgeführt. Die intravenöse Therapie wird für ca. zwei Wochen durchgeführt, danach folgt eine orale Sequenztherapie.

Notabene: In der Literatur werden Zeiten bis zur Reimplantation von zwei Wochen bis zu mehreren Monaten angegeben. Die kurzfristige Reimplantation scheint Vorteile zu bieten, bedarf aber einer konsequenten systemischen Antibiotika-Therapie mit Medikamenten, die in der Lage sind, in einem frühen Biofilm aktiv zu sein.

Notabene: In Deutschland wird eine systemische Antibiotika-Therapie für sechs Wochen nach Explantation der Prothese und Einbringung eines antibiotikabeladenen Spacers häufig durchgeführt. Im Anschluss folgt oftmals eine Antibiotikapause für zwei Wochen. Im Anschluss wird eine Punktion durchgeführt, von deren Ergebnis die Reimplantation abhängig gemacht wird. Vor dem Hintergrund der Literatur ist dieses Vorgehen nicht zu rechtfertigen.

Notabene: Alternativ zu den Ausführungen in Kapitel 2.12.2 kann bei klinisch gutem Verlauf eine Revision nach ca. sechs Wochen erwogen werden. Bei dieser muss intraoperativ entschieden werden, ob eine Reimplantation oder ein Austausch erfolgt. Bei diesem Eingriff sollte in jedem Fall ein Restaging erfolgen und Biopsien zur mikrobiologischen und histologischen Untersuchung sollten gewonnen werden.

Die Dauer der postoperativen Antibiotika-Therapie sollte zwischen zwei und sechs Wochen betragen, wobei die ursprünglich gefunden Keime/Erreger berücksichtigt werden müssen.

> **Notabene:** Da es für das Vorgehen zzt. keine Studien gibt, die zweifelsfrei Art und Dauer der Therapie vorgeben, sollte ein Zentrum, das Eingriffe dieser Art durchführt, eine Prozedur festlegen, die eine retrospektive Auswertung zur Qualitätssicherung ermöglicht.

Bei zementfreier Reimplantation ist bei Erregern, bei denen ein Prothesenerhalt möglich ist, mit geeigneten Antibiotika (z. B. Daptomycin , Vancomycin und Fosfomycin und Cotrimoxazol oder Levofloxacin und Rifampicin) zu behandeln. Die Therapiedauer beträgt dann 6–8 Wochen postoperativ.

4.4.9 Dauer der Antibiotika-Applikation nach Reimplantation der Prothese

Die Dauer der systemischen Antibiotika-Therapie nach Reimplantation hängt von dem verwendeten Verfahren ab:
– Reimplantation mit gezielter lokaler Therapie im PMMA-Knochenzement: ca. 2–4 Wochen,
– Reimplantation mit zementfreien Kunstgelenken: in geeigneten Fällen, wenn Antibiotika zur Verfügung stehen, die im frühen Biofilm wirksam sind (s. o.): ca. 6–8 Wochen.